高等学校系列教材

热处理原理与工艺

赵 峰 张慧星 主编

中国建筑工业出版社

图书在版编目（CIP）数据

热处理原理与工艺/赵峰，张慧星主编．—北京：中国建筑工业出版社，2020.1（2024.6重印）
高等学校系列教材
ISBN 978-7-112-24489-8

Ⅰ．①热…　Ⅱ．①赵…②张…　Ⅲ．①热处理-高等学校-教材　Ⅳ．①TG15

中国版本图书馆CIP数据核字（2019）第264072号

本教材共10章，内容涵盖了热处理原理、工艺、实验及典型零件热处理工艺案例。第1章为绪论，简要介绍了热处理和固态相变；第2章为金属的加热及钢中奥氏体转变；第3章介绍了过冷奥氏体的等温转变和连续冷却转变；第4～6章分别介绍了珠光体转变及退火与正火工艺，马氏体、贝氏体转变及淬火工艺，钢的回火组织转变及回火工艺；第7～9章分别介绍了表面热处理、化学热处理及其他热处理工艺；第10章为典型零件的热处理工艺综合案例。

本教材可作为应用型本科院校金属工程材料专业的教材，也可作为从事材料研究、生产和使用的科研人员和工程技术人员的参考书。

责任编辑：司　汉
责任校对：姜小莲

高等学校系列教材
热处理原理与工艺
赵　峰　张慧星　主编

*

中国建筑工业出版社出版、发行（北京海淀三里河路9号）
各地新华书店、建筑书店经销
霸州市顺浩图文科技发展有限公司制版
北京凌奇印刷有限责任公司印刷

*

开本：787×1092毫米　1/16　印张：9　字数：223千字
2020年8月第一版　2024年6月第三次印刷
定价：**32.00**元
ISBN 978-7-112-24489-8
（35140）

前　　言

本书以天津中德应用技术大学材料类专业多年课程资源建设成果为基础，结合天津一流应用技术大学建设项目为契机，并根据金属材料工程本科专业人才培养方案的要求而编写。

热处理原理与工艺是金属材料类专业的一门重要的专业基础课程，不仅涵盖了金属学、固态相变、金属材料学、热处理原理、热处理工艺等多门学科知识，而且又是一门理论和实践紧密结合的课程，要求学生既要掌握热处理原理与工艺系统的专业理论知识，又要具备一定的工程实践能力。因此，本教材一方面要阐述热处理原理与工艺的基本理论，揭示金属材料成分、结构、组织、性能和应用之间的变化规律，论述金属材料固态相变和强化途径及性能控制的原理及工艺；另一方面要使教材中更多的内容源于机械制造、热处理、铸造、焊接等相关岗位工作过程的典型工作任务，以金属材料工程相关技术岗位具体工作过程为导向，以热处理工程师工作任务为引领，并嵌入金属材料工程本科专业人才的能力要求来设计教学内容，以工程能力为本位构建理实相结合的教学内容。并遵循“强基础、重实践”的原则，将实验与理论知识有机结合，注意联系生产实际，加强应用性内容的介绍，尽量反映技术发展的新成果、贯彻国家最新标准。通过与生产实践紧密结合，将课程内容的组织与工程实践有机融合在一起，培养学生建立金属材料工程概念，掌握热处理原理与工艺的专业知识及分析解决相关问题的基本方法和工程实践能力，为学习后续专业课程和从事金属材料工程相关岗位的技术工作奠定必要的基础。

本书由天津中德应用技术大学赵峰和张慧星主编，由国家级精品课程《工程材料》负责人赵峰老师统稿。本书共 10 章，第 1～3 章和第 4 章 4.1 节、第 5 章 5.1 节、5.2 节及书中 6 个实验由张慧星老师编写；第 4 章 4.2 节、4.3 节、第 5 章 5.3 节和第 6～10 章由赵峰老师编写。天津市热处理研究所有限公司总经理、正高级工程师宋宝敬为本教材提供了大量的工程案例素材。

本书在编写过程中得到了学校和企业相关领导和专家的鼎力支持和帮助，对应用技术大学院校应用型本科教材的改革和创新探索了新的思路，同时作者参阅了许多相关教材、手册以及材料及热处理方面的一些最新的研究成果。在此，对相关专家、学者表示衷心的感谢，也对中国建筑工业出版社的积极协助表示由衷的感谢。

由于能力、时间和精力所限，教材在应用型本科教材的特色等方面还有不完善之处，错误和纰漏也在所难免，希望读者批评指正。

目　　录

第1章　绪　论

材料是现代文明的三大支柱之一，金属材料具有非常优异的力学性能而被广泛使用。金属材料的性能是否优异与其成分和组织有着密切的关系。热处理是改变材料组织、改善材料性能、发挥材料潜力最为有效的手段之一，是提高产品质量和寿命的关键工序，因此在冶金、机械、航空、能源、军工等工业领域有着极其重要的地位。

热处理技术大约从人类使用钢铁材料时就产生了，随着工业技术的发展，人类对金属材料的性能要求日益提高，热处理生产技术也随之不断发展。热处理原理着重研究固态相变规律、研究金属热处理组织与性能之间的关系及热处理理论在生产实践中的应用，这些是热处理技术不可缺少的理论根基。热处理工艺主要通过特定的加热和冷却的方式使金属完成组织转变过程，从而达到预期的性能要求。

本课程是材料类专业一门重要的专业课程，是关于热处理基本理论和工艺方法的理实并重的专业主干课程。通过本课程的学习，要掌握材料在加热和冷却过程中的组织变化规律，掌握钢铁材料常见的热处理工艺，将组织变化、性能调控与工艺设计有机的结合起来，具备一定的分析、解决实际问题的能力。

1.1　热处理简介

金属材料从工作条件出发，选择什么样的材料、如何对材料进行处理，在使用和处理过程中会出现什么问题，如何解决出现的问题，最终可能得到什么样的性能，如何改进现有材料、挖掘其潜力、试制新材料等，无不与热处理原理与工艺有着密切的关系。

1.1.1　热处理的作用

航空、航天、汽车、机床、矿山、化工、轨道交通等行业用的大量零部件需要通过热处理工艺改善其性能。

适当的热处理工艺，可提高各种机械零件、刀具、模具、量具的硬度和耐磨性。

适当的热处理工艺，可使一些承受复杂载荷的重要零件、模具等获得良好的综合性能；使一些弹性零件获得良好的弹性和高屈服极限；使一些零件获得表面高硬度、高耐磨性、高疲劳强度，而心部强韧性好的复合性能。

适当的热处理工艺，可降低或提高一些钢的硬度，改善切削加工性能；可提高一些钢的塑性，改善冲压等变形加工性能。

适当的热处理工艺，可提高一些不锈钢的耐蚀性能；还可提高一些钢的耐热性能，如红硬性、热强性等。

适当的热处理工艺，可消除各种钢坯的原始组织缺陷和成分偏析，为后续加工做组织准备；可消除各种铸件、锻件、焊件、冲压件、淬火件等的残余应力，消除脆性，提高塑性。

适当的热处理工艺，可消除铸、锻、焊等热工艺的各种缺陷，细化晶粒、均匀组织和性能。

总之，重要的零件都必须进行适当的热处理才能投入使用。

例如：在市场采购的T8碳素工具钢其硬度仅为20HRC，制成工具后经淬火和低温回火，其硬度可提高到60～63HRC，这是因为该工具钢内部组织由淬火之前的珠光体转变为回火马氏体的结果。

同一种材料，热处理工艺不一样，其性能会差别很大。导致性能差别如此大的原因是不同的热处理后内部组织截然不同。见表1-1。

45号钢经不同热处理后的性能（试样直径15mm） **表1-1**

热处理方法	机械性能				
	R_m(MPa)	R_{eL}(MPa)	A(%)	Z(%)	K(J)
退火(随炉冷却)	600～700	300～350	15～20	40～50	32～48
正火(空气冷却)	700～800	350～450	15～20	45～55	40～64
淬火(水冷)低温回火	1500～1800	1350～1600	2～3	10～12	16～24
淬火(水冷)高温回火	850～900	650～750	12～14	60～66	96～112

热处理工艺的选择要根据材料的成分来确定。材料内部组织的变化依赖于材料热处理和其他热加工工艺，材料性能的变化又取决于材料的内部组织变化。

所以，材料成分-加工工艺-组织结构-材料性能这四者相互依存的关系贯穿在材料制备的全过程之中。

1.1.2 热处理的基本要素

热处理是将固态金属或合金在一定介质中加热、保温和冷却，以改变材料整体或表面组织，从而获得所需组织和性能的工艺过程。

热处理三大基本要素：加热、保温和冷却。通过以上三个环节，材料的内部组织发生了变化，因而性能也发生变化。这三大基本要素决定了材料热处理后的组织和性能。如图1-1所示。

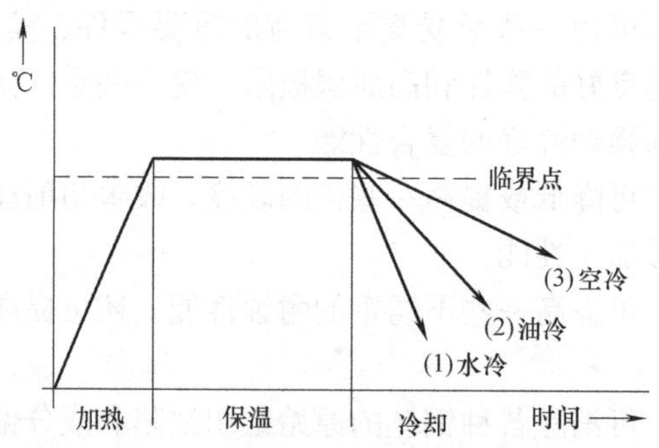

图1-1 热处理工艺曲线示意图

1. 加热

按加热温度的高低，加热分为两种：一种是在临界点 A_1 以下加热，此时一般不发生相变；另一种是在 A_1 以上加热，目的是为了获得奥氏体组织，这一过程称为奥氏体化。

2. 保温

保温是热处理的中间工序，其目的是既要保证工件"烧透"，又要防止工件脱碳、氧化等。

保温时间和介质的选择与工件的尺寸和材质有直接的关系。一般工件越大，导热性越差，保温时间就越长。

3. 冷却

冷却是热处理的最终工序，也是热处理过程中最重要的工序。钢在不同冷却速度下可以转变为不同的组织形态。

1.1.3　热处理工艺分类

（1）根据加热、冷却方式的不同及组织、性能变化特点的不同，热处理可分为下列几类：

1）普通热处理

指工业上应用最广泛、最常规的热处理工艺，包括退火、正火、淬火、回火等。

2）表面热处理

指针对工件表面进行淬火的热处理工艺，如感应加热表面淬火、火焰加热表面淬火等。

3）化学热处理

通过改变工件表面的化学成分来改变其性能的热处理工艺，如渗碳、渗氮、碳氮共渗、渗硼、渗金属等。

4）其他热处理

包括真空热处理、可控气氛热处理、形变热处理等。

（2）按照热处理在零件生产过程中的工序和作用不同，热处理工艺还可分为：

1）预备热处理

零件加工过程中的一道中间工序（也称为中间热处理）。其目的是改善锻、铸毛坯件组织、消除应力，为后续的机加工或进一步的热处理作组织上的准备。

2）最终热处理

零件加工的最终工序。其目的是使经过成型工艺达到形状和尺寸要求的零件，通过热处理使零件具备最终的使用性能。

选择预备热处理还是最终热处理在材料的生产过程中是相对的。

1.2　固态相变概述

相是物质体系中具有相同化学成分、相同凝聚状态并以界面彼此分开的物理和化学性能均匀的部分。当外界条件发生变化时，体系中相的性质和数量可能会发生变化，这种变化称为相变。相变前后凝聚状态不变且均为固相时，称为固态相变。热处理能够改变金属性能，其根本原因是固态金属的内部组织和结构发生了变化，即固态相变。金属固态相变理论是金属热处理的理论依据和实践基础。掌握了金属相变规律，就可以设计合适的热处理工艺，控制相变过程以获得预期的组织，使之具备所需的性能。

1.2.1 金属固态相变的主要特点

相变的基础理论主要涉及三个共性问题：相变能否进行及相变进行的方向——相变热力学问题；相变的路径及速度——相变动力学问题；相变的结构转变特征——相变晶体学问题。

相变的一般规律是：相变热力学决定了相变总是朝着能量最低的方向进行；相变动力学决定了相变总是选择阻力最小，速度最快的途径进行；相变晶体学诠释了结构转变可以有不同的终态，可以是稳态，也可以是亚稳态，但只有最适合结构环境的新相才易于生存下来。

金属固态相变的驱动力来自新相与母相的自由能差。新相与母相之间的转变，绝大多数（调幅分解除外）是由新相成核与长大两个过程来完成，并遵循液态物质结晶过程的一般规律。但固态相变又有许多不同于结晶过程的特点。在固态相变过程，主要涉及以下几个方面的问题。

1. 相界面和界面能

固态相变中，新相形成必然会在新旧两相之间形成界面。与固/液相变的两相界面不同，金属固态相变所形成的是两种晶体的界面。两相结构的差异性，使得界面处原子出现匹配程度问题。根据界面原子在晶体学上匹配程度的不同，可将相界面分为共格、半共格和非共格界面三种。如图 1-2 所示。

（1）形成共格界面的两相晶格常数虽然不同，但界面两侧的两相原子能够完全匹配，但维持完全共格时，相界面附近存在一定的晶格畸变；

（2）半共格界面两侧只有部分原子保持匹配，在不能匹配的位置形成刃位错；

（3）当界面处两相原子排列差异很大时，界面的公共结点很少，两侧原子则完全不能匹配，从而形成非共格界面。

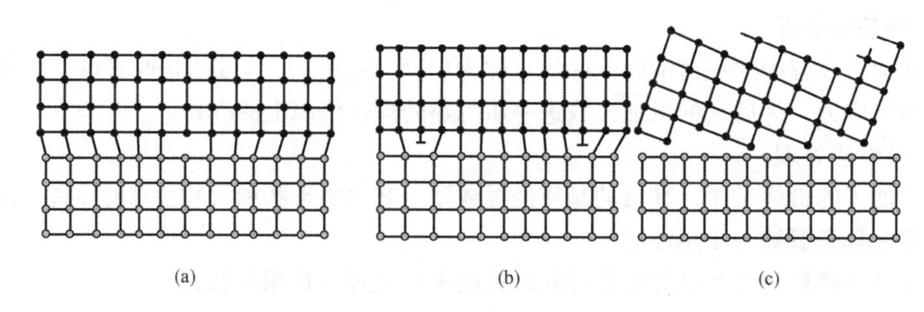

图 1-2 相界面示意图

(a) 共格界面；(b) 半共格界面；(c) 非共格界面

形成两相界面种类与二者界面能有关。若两者具有相同的晶体结构和相似的点阵常数时，可以形成具有较低界面能的共格界面；若两者晶体结构差异性很大，则容易形成半共格或非共格界面。

2. 惯习面和位向关系

固态相变时，为了降低新相与母相之间的界面能，新相往往在母相的特定晶面上形核，该晶面称为惯习面，一般用母相的晶面指数表示。新相常以低晶面指数、原子密度大的晶面依附于母相上，惯习面反映了两相之间的位向关系。

例如：低碳钢中发生奥氏体-铁素体转变时，铁素体往往在奥氏体的 $\{111\}_\gamma$ 晶面上形成，其 $\{110\}_\alpha$ 晶面与前者平行；并且，其 $<111>_\alpha$ 晶向又常与 $<110>_\gamma$ 平行。这种惯习面与平行晶向的存在，表明新相与母相间存在晶体学位向关系。

一般来说，若新相与母相之间为共格或半共格界面时，两相间必然存在一定的位向关系；而若两相间没有一定的位向关系，则必有非共格界面。由于新相在长大的过程中，弹性应变能的增加往往使得共格界面遭到破坏，从而形成非共格界面。

3. 弹性应变能

新相与母相界面处的弹性应变能主要取决于两相晶格匹配度和比体积差。相界面处，新相和母相点阵常数存在一定的差异，在形成共格或半共格界面时，必然会导致弹性应变能。共格应变能以共格界面最大，其次是半共格界面，非共格界面应变能最小。

新相与母相的比容往往不同，新相形成时的体积变化将受周围母相约束而产生弹性应变能，称为比容差应变能。应变能的大小与新旧两相比体积差、弹性模量和新相几何形状有关。新旧两相比体积差越大、弹性模量越大，弹性应变能越大。把不同形状的新相看成是椭球体，a 表示椭球体赤道直径，c 表示椭球体南北极间距。新相的几何形状 c/a 与相对应变能之间的关系如图 1-3 所示。盘状新相引起的比容差应变能最小，针状次之，球状最大。

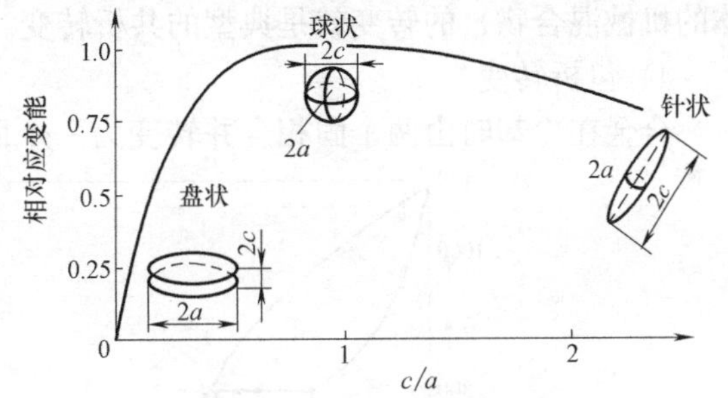

图 1-3　新相几何形状与相对应变能的关系

弹性应变能和界面能一样，都是相变的阻力，其共同决定着新相的形态。共格或半共格新相的界面能较小，其应变能是形核的主要阻力，新相倾向于片状或针状；非共格新相的界面能是形核的主要阻力，易于形成球状，以减小界面面积。若两相比容差很小，该项应变能影响不大，新相倾向于形成球状以降低界面能；若两相比容差较大，则新相倾向于形成针状以兼顾降低界面能和比容差应变能。

4. 过渡相

过渡相（中间亚稳相）是指成分、结构或者二者都处于母相与新相之间的亚稳状态的相。由于在固态相变的过程中，有时新相与母相在成分、结构上差别比较大，直接转变比较困难，而通过形成过渡相，可以减少相变阻力。例如，钢中的马氏体回火时，会形成几种碳化物过渡相（ε、η 碳化物），当回火温度升高或时间延长时，这些过渡碳化物可以转变为渗碳体。

1.2.2　金属固态相变的主要类型

金属固态相变的类型很多、特征各异，从不同的角度可以将相变分成不同的种类。

1. 按平衡与否分类

合金的平衡相图是由合金（金属）在缓慢加热或冷却时所得到。凡符合此过程的相变，均属平衡转变，可得到平衡组织。非平衡转变不符合平衡相图。根据相变平衡与否，可分为平衡相变和非平衡相变。

（1）平衡相变在极其缓慢的加热或冷却条件下发生，相变时原子有充分的时间进行扩散，一般属于扩散型相变，新相处于热力学平衡态。固态金属平衡相变主要有以下几种类型：

1）同素异构转变

金属在温度和压力变化时，由一种晶体结构转变为另一种晶体结构的过程称为同素异构转变。铁、钴、镍、锡、钛等多种金属都具有同素异构转变。例如铁由铁素体向奥氏体的转变过程。

2）平衡脱溶

固溶体的溶解度随着温度的下降而降低。当缓慢冷却时，过饱和固溶体将析出第二相，此过程为平衡脱溶。

以铁碳平衡相图中二次渗碳体从奥氏体中析出过程为例。当过共析钢被加热到 A_{ccm} 温度以上时，得到单一奥氏体相。若自此温度缓慢降低，随着碳在奥氏体中的溶解度下降，二次渗碳体将逐渐由奥氏体中析出。平衡脱溶过程中，随着新相的长大，母相的成分和体积都随之变化。如果基体金属没有同素异构转变，则脱溶转变是金属材料相变强化的重要手段之一。例如铝合金，可以通过控制脱溶相的形态、大小和分布调整其性能。

3）共析转变

合金在冷却时由一个固相同时分解为两个不同固相的转变称为共析转变。共析转变生成的两个新相的成分和结构都与母相不同。例如钢中奥氏体转变为珠光体（铁素体和渗碳体的机械混合物）的转变就是典型的共析转变。

4）包析转变

合金在冷却时由两个固相合并转变为一个固相称为包析转变。如图 1-4 所示，Cu-Sn

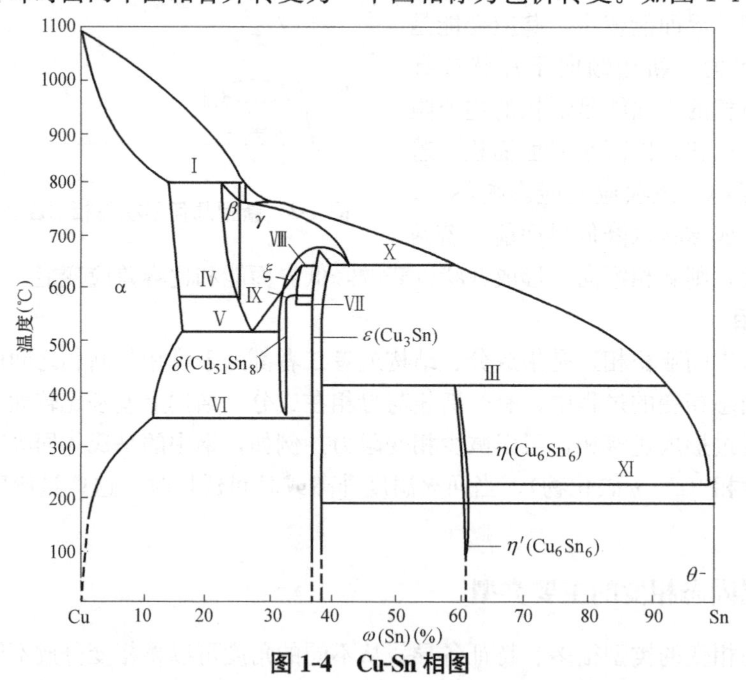

图 1-4 Cu-Sn 相图

相图中形成ξ相的转变。

5）调幅分解

某些合金在较高温度下为均匀的单相固溶体，当温度冷却到某一温度范围时，通过上坡扩散，可分解为两种结构与原固溶体相同，而成分却明显不同的微区，形成了溶质原子富集区和贫化区，这种转变称为调幅分解。如图1-5所示的Al-Zn相图，其中α相的分解就是典型的调幅分解。

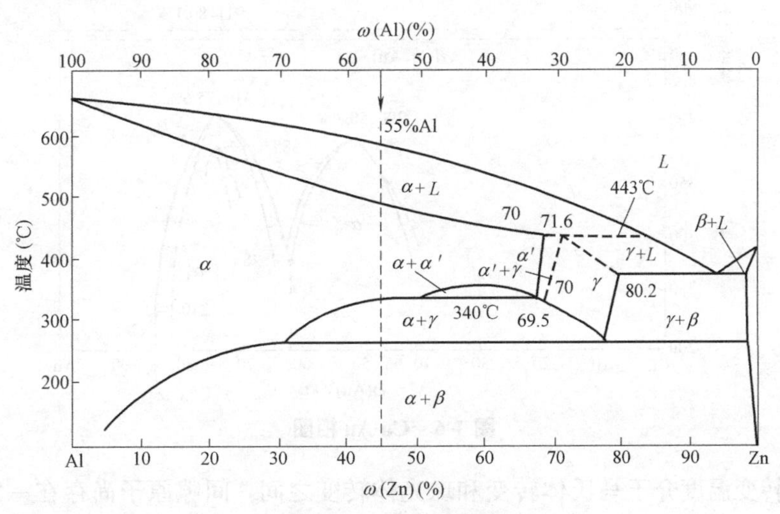

图1-5 Al-Zn相图

6）有序-无序转变

在某些置换固溶体中，当温度较低时，不同种类的原子在点阵位置上呈规则的周期性排列，形成有序相；而在温度较高时，这种规律性就完全不存在了，形成无序相。固溶体在这一温度区间发生的转变称为有序-无序转变。

Cu-Zn、Cu-Au、Mn-Ni、Fe-Ni、Ti-Ni等多种合金系中都有此种转变。图1-6为Cu-Au相图，ω（Au）为50.8%（质量）的Cu-Au合金，在390℃以上为无序固溶体，在390℃以下变为有序固溶体。

（2）在金属的快速加热或冷却过程中，平衡相变被抑制，最终获得非平衡或亚稳态组织，称为非平衡相变。金属非平衡相变主要有以下几种形式。

1）伪共析转变

非共析成分的合金以较快的冷却速度冷却，从而获得全部共析组织的转变称为伪共析。非共析合金在平衡相变时，应先析出先共析相，然后再发生共析转变。而在非平衡转变过程中，由于冷却速度快，先共析相来不及析出，但是在伪共析组织中的相组成物的相对含量与共析组织不同。

2）马氏体转变

在合金冷却过程中，由于极快的冷却速度导致原子的扩散完全受到抑制，相变主要通过切边方式进行，这种转变称为马氏体相变。马氏体的成分与母相相同，但结构发生了变化。除了最常见的钢铁材料中的马氏体相变，在铜合金、钛合金等其他材料中也能发生。

3）贝氏体转变

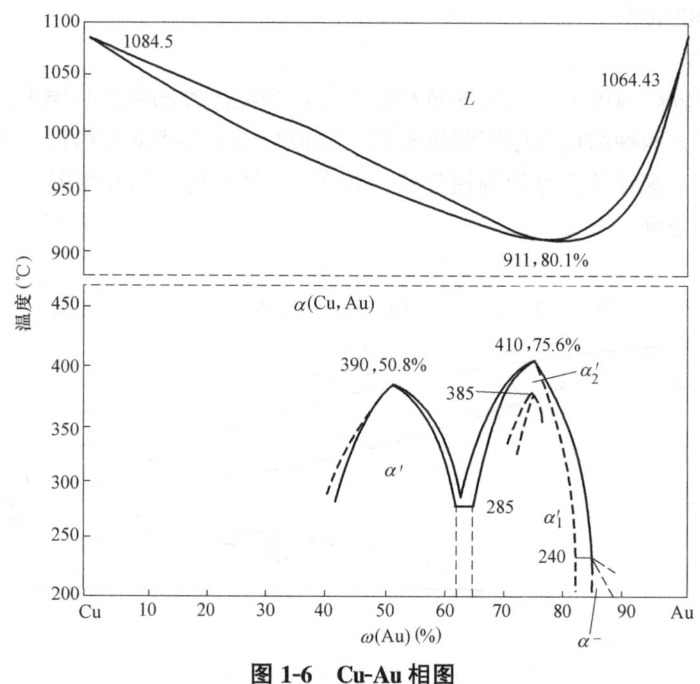

图 1-6　Cu-Au 相图

贝氏体转变温度介于马氏体转变和珠光体转变之间，间隙原子尚存在一定的扩散能力，而基体金属失去了扩散能力，最终转变为另为一种不平衡产物——贝氏体。

4）非平衡脱溶

高温的单相固溶体快速冷却（一般冷却至室温），沉淀相来不及析出，形成过饱和固溶体，这种过饱和固溶体在室温或低于固溶体曲线的某一温度等温时析出新相的过程称为非平衡脱溶。非平衡脱溶所形成新相的成分与结构与平衡脱溶相不同，一般都更为细小弥散，对于增强合金性能具有重要作用。例如钢中马氏体的时效现象。

2. 按热力学分类

根据相变前后热力学函数的变化，可将固态相变分为一级相变和二级相变。

相变时，新旧两相化学势相等，当化学势的一阶偏导不等时，称为一级相变。一级相变伴随着相变潜热和体积变化，升华、熔化、凝固、沉淀等都属于一级相变。

相变时，新旧两相化学势相等，且化学势的一阶偏导也相等，二阶偏导不相等时，称为二级相变。发生二级相变时，无相变潜热和体积变化，只有比热容、压缩系数、膨胀系数的不连续变化，例如磁性转变、有序化等属于二级相变。

3. 按原子迁移能力分类

按照相变发生时的原子迁移能力可分为扩散型相变和非扩散型相变。

当温度足够高时，原子活动能力强，相转变依靠原子扩散进行，称为扩散型相变。扩散型相变基本特点是：①单个原子独立地、无序地在新旧两相之间扩散迁移，即非协同性转变；②扩散型相变伴随着成分的变化；③相变速率受原子迁移速率制约，扩散激活能和温度是主要影响因素。

当相变温度低时，原子不具体扩散能力，相结构的变化依靠原子有规律的短程迁移完成，例如钢中的马氏体相变就是非扩散型相变。非扩散型相变的基本特点是：①原子在相变过程中整体有序的沿特定方向迁移，相对位置关系布置不变，即协同型转变；②相变过程无原子的长程扩散，新相与母相成分相同；③新相与母相之间存在着特定的晶体学位向关系；④相界面推移速度与热激活跃迁因素无关。

1.2.3　金属固态相变的形核与长大

在固态相变中，当一个或者几个新相由母相中形成时，其过程一般分为形核和长大两个阶段。

1. 固态相变中的形核

形核初期，在母相基体内部某些微小区域先形成新相的成分和结构，称为核坯。当核坯的尺寸超过某一临界值时，便能够稳定的存在并自发长大，成为新相的晶核。

若晶核在母相中是以无择优、均匀分布的方式生成，称为均匀形核；若晶核在母相中的某些区域择优地不均匀分布，则称为非均匀形核。固态相变中的均匀形核是形核理论的基础，但实际金属中更多的情况是非均匀形核。

无论是均匀形核还是非均匀形核，晶坯能否成为晶核，由相变驱动力和相变阻力共同决定。相变驱动力主要有新旧两相体积自由能差和母相晶体中存在的各类晶体缺陷；相变阻力主要有新相形成时的界面能和新旧两相之间的弹性应变能。

按照经典形核理论，固态相变均匀形核时，体系自由能的总变化 ΔG 为：

$$\Delta G=-\Delta G_{\mathrm{V}}+\Delta G_{\mathrm{s}}+\Delta G_{\mathrm{E}}$$

或

$$\Delta G=-\Delta g_{\mathrm{v}}V+\sigma S+EV$$

式中　V——新相体积；

Δg_{v}——单位体积新相/母相的自由能差；

σ——比界面能（表面张力），单位面积新/母相界面能；

E——单位体积新相的应变能。

假设新相是半径为 r 的球状，可以得到：

$$\Delta G_{\mathrm{V}}=-\frac{4}{3}\pi r^{3}(\Delta g_{\mathrm{V}}-E)+4\pi r^{2}\sigma$$

根据上式作图，从图 1-7 中可以看出，随着晶核半径 r 的增加，体系自由能 ΔG 存在极大值 ΔG^{*}，只有当核胚尺寸大于对应的 r^{*} 时，体系自由能才能随着晶核的长大而降低，即自发长大。r^{*} 被称为临界半径，ΔG^{*} 被称为临界形核功。

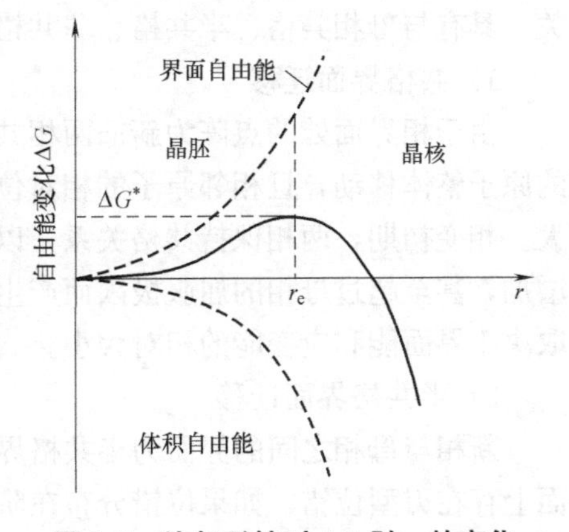

图 1-7　均匀形核时 ΔG 随 r 的变化

固态相变形核与固/液相变类似，其自发趋势都随着过冷度增加而加强；不同之处在于固态相变存在应变能，只有当 $\Delta G_{\mathrm{V}}>\Delta G_{\mathrm{E}}$ 时，相变才能发生。这就意味着固态相变的过冷度（过热度）必须大于一定值时才能发生，这是其与固/液相变的根本区别。

与固/液相变一样，由于均匀形核难以实现，固态相变中的形核以非均匀形核为主。各种缺陷如空位、位错、晶界、层错、夹杂物和自由表面等都可以成为优先的形核位置，晶体缺陷造成的能量升高可使晶核形成能降低，因此比均匀形核要容易得多。

（1）空位形核

空位一方面通过加速溶质原子扩散和释放晶格畸变能促进形核，另一方面空位聚集成位错，也可促进形核。

例如，铝铜合金固溶处理后快冷，得到过饱合的 a 固溶体。在随后的实效过程中，发现晶界附近并无沉淀相，而是都在晶内。这是因为高温快冷可得到的大量过饱合空位，在随后的重新升温过程中，距晶界近的空位会消失在晶界中；距晶界远的空位则成为沉淀相优先成核的位置。

（2）位错形核

位错促进形核的机制有：①位错释放点阵畸变能，促进新相形核；②位错上的溶质原子偏聚可为新相形成提供成分起伏条件；③位错是元素高速扩散通道，有利于新相的形核与长大；④若位错不消失，而是依附在新相的界面上，构成半共格界面，可以降低界面能，有利于形核。

新相在位错处优先形核有三种形式。第一种形式是新相在位错线上形核，新相形成处位错消失，释放的弹性应变能量使形核功降低而促进形核；第二种形式是位错不消失，而是依附在新相界面上，成为半共格界面上的位错部分，补偿了失配，因而降低了能量，使生成晶核时所消耗减少而促进形核；第三种形式是当新相与母相成分不同时，由于溶质原子在位错线上偏聚（形成气团），有利于新相沉淀析出，也对形核起促进作用。

（3）晶界形核

晶界处具有较高的界面能，晶界形核可以降低形核功，因此晶界处是形核的重要位置。界面处新相若以非共格方式形核，为了降低界面能，新相倾向于呈球状或球冠状；若以共格或半共格方式形核，则相界面一般呈平面状。对于大角度晶界，由于新相不可能同时与晶界两侧的晶粒都具有一定的晶体学位向关系，所以新相形核只能与一侧母相共格或半共格，另一侧与母相非共格，晶核外形一侧为平面状，另一侧为球冠状。

2. 固态相变中的晶核长大

（1）晶核长大机制

晶核长大的实质是两相界面迁移的过程，因此晶核的长大机制也与晶核的界面结构有关。具有与母相共格、半共格、非共格界面的晶核，长大机制也各不相同。

1）共格界面迁移

由于相界面处的点阵为新旧两相共有，保持共格而实现相界面迁移，必须是界面附近的原子整体移动，且相邻原子的相对位置不变。这种长大成为协同型长大，或切边机制长大。相变初期，两相保持共格关系，以降低界面能。但是随着晶核不断长大，弹性应变能增加，甚至超过母相的屈服极限而产生塑性变形，使得共格关系被破坏。共格相的稳定性取决于界面能和应变能的相对大小。

2）半共格界面迁移

新相与母相之间的界面为半共格界面时，晶核以切变或台阶机制长大。由于半共格界面上存在刃型位错，如果位错分布在阶梯状界面上，每个小台阶就是位错的滑移面。位错在滑移面上横向滑移，相当于小台阶界面的纵向推移。随着位错的不断滑移，从而实现新相长大，如图 1-8 所示。

3）非共格界面迁移

非共格界面微观结构类似于大角度晶界。界面处存在几个原子层厚度的紊乱排列。界面移动是通过这些原子的扩散迁移实现的，运动原子间不存在相互的协调性。母相原子不断向新相转移，界面向母相移动，从而使新相逐渐长大。非共格界面的迁移速率往往受母相中的原子扩散速率控制。

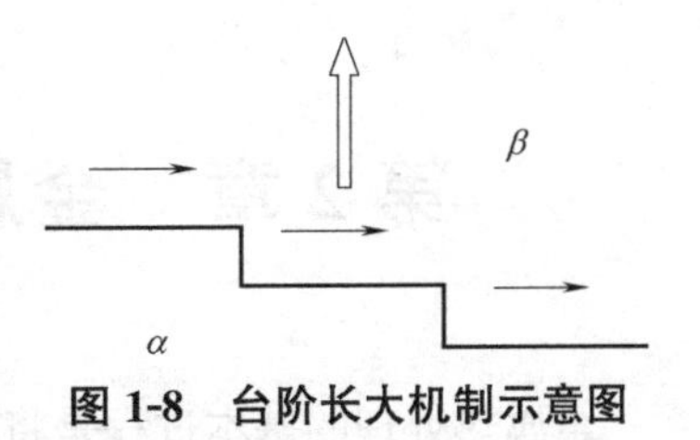

图 1-8　台阶长大机制示意图

（2）晶核的长大速率

新相长大速率取决于相界面迁移速率。对于以点阵切边机制实现的界面迁移，不需要原子扩散，其长大激活能为零，所以一般具有很高的长大速率。当界面迁移需要由原子扩散完成时，新相的长大速率相对较低。扩散型相变的长大速率受相变驱动力和扩散激活能影响。对于降温过程，驱动力和扩散激活能与转变温度的变化关系是不一致的。温度越低，过冷度越大，驱动力越大，但是原子扩散困难，所以相变速率和温度的关系存在极大值。升温过程中，驱动力和扩散激活能与转变温度的关系一致。温度越高，过热度越大，驱动力越大，原子扩散越强，此时相变速率随着温度增加而单调增加。

思 考 题

1. 举例说明热处理工艺的应用。
2. 金属固态相变的主要特点是什么？与液-固相变有何异同？
3. 为何新相形成时会呈现片状或球状等不同形态？
4. 固态相变的基本类型有哪些？
5. 钢中的平衡相变和非平衡相变有哪些？

第2章　金属的加热及钢中奥氏体转变

金属热处理的基本过程是将工件放在一定的介质中加热、保温和冷却。在各种热处理工艺中，加热是最基本和最重要的环节之一。通过工件加热、奥氏体化及后续的冷却控制，改变其成分分布、晶体结构、微观组织等，从而获得所需要的性能。加热过程将直接影响工件热处理质量。金属在一定的介质中加热时，表面与介质在一定温度下的相互作用会造成工件表面的氧化、脱碳等缺陷。与此同时，在加热冷却过程中的温度场变化及比容变化，将使工件产生内应力，造成工件变形、开裂乃至报废。因此，掌握金属加热的基本规律及方法对研究热处理工艺至关重要。

2.1　金属的加热

2.1.1　传热的基本形式

工件在加热过程中的热量交换传递主要有传导、对流和辐射三种基本形式。

1. 传导传热

热量直接由物体的一部分传至另一部分，或由一个物体传向另一个与它直接接触的物体，而无需宏观的质点移动的传热现象。传导传热所进行的热量传递过程是通过物体内做热运动的微观粒子在相互碰撞时进行动能传递来实现的，宏观上表现为热量从高温部分传至低温部分。工件在热处理炉内加热时，同一工件或相互接触的不同工件之间的温度均匀化过程就属于传导传热过程。传导传热在固体、液体和气体中都可进行，其中在液体和非金属固体中热量的传导依靠分子的热运动，在气体中则依靠原子或分子的扩散，在金属中则主要依靠自由电子的运动。

2. 对流传热

当流体（气体或液体）中存在温度差时，流体的各部分之间发生相对位移，冷热流体相互掺混所引起的热量传递方式。对流仅能发生在流体中，在对流的同时必然伴随着导热。在传热过程中，既有流体质点的导热作用，又有流体质点位移产生的对流作用。在工程上常遇到的不是单纯的对流方式，而是对流和导热联合作用的方式，常称为对流传热。因此，对流传热同时受导热规律和流体流动规律的影响。例如，工件在炽热的炉气或者盐浴中的加热过程皆为对流传热。

3. 辐射传热

具有一定温度的任意物体都会通过电磁波向外传递能量，这种能量传递的方式称为辐射传热。物体的辐射能（即单位时间内单位表面向外辐射的能量），随温度的升高增加很快。依靠电磁波辐射实现热冷物体间热量传递的过程，是一种非接触式传热，不需要任何物质作媒介，在真空中也能进行。尤其是高温环境下，热辐射是最主要的传热方式之一。

上面分别介绍了三种传热方式，但在工件的实际加热过程中，这三种传热方式并非单独存在，传热往往是以不同形式同时进行的。例如，在普通箱式炉加热过程中，气体的对流、加热元件的辐射、工件间的接触传导，三种传热方式皆有；在真空炉加热过程中，因无气体对流，则主要是通过热辐射及接触传导进行传热。

2.1.2　加热方法及设备

加热是金属热处理主要工序之一。选用合理的加热方法可以保证和提高金属热处理的质量。有些零件在热处理后出现的缺陷就是由于加热方法不当造成的。加热时，应保持温度适当且均匀以避免或减少金属表面氧化、脱碳，同时还应控制加热速度。这些都与恰当地选择加热方法有关。

按热源的不同，金属热处理加热方法大致可分为电加热法、燃料燃烧加热法和高能量密度能源加热法三大类。

热处理设备是指用于实施热处理工艺的装备。在热处理车间内还有维持热处理生产所需的燃料、电力、水、气等动力供应设备，以及起重运输设备、生产安全和环保设备。通常把完成热处理工艺操作的设备称为主要设备，把与主要设备配套的和维持生产所需的设备称为辅助设备。

（1）热处理炉

热处理炉是指具有炉膛的热处理加热设备。因在加热过程中炉膛首先被加热，再参与对工件的热交换，所以热处理炉的加热性质属于间接加热。如电箱式炉、井式炉、多用炉、渗碳炉、真空炉等。

（2）加热装置

加热装置是指热源直接对工件加热的装置。因此，其加热性质属直接加热。其加热方法可以是火焰直接喷烧工件，电流直接输入工件将其加热，在工件内产生感应电流加热工件及等离子体、激光、电子束冲击工件而加热等。

（3）表面改性装置

这类装置主要有气相沉积装置和离子注入装置等。气相沉积装置是指通过在气相中的物理、化学过程，在工件表面上沉积金属或化合物涂层的装置。离子注入是把金属或非金属元素注入材料表面，以达到表面改性的目的。这类工艺方法不同于传统的通过加热和冷却发生相变而强化金属的热处理方法，是现代新兴的一种改善金属表面性能的方法。

（4）表面氧化装置

表面氧化装置是指通过化学反应在工件表面生成一层致密的氧化膜装置。它由一系列槽子组成，通常称发蓝槽或煮黑槽。

（5）表面机械强化装置

表面机械强化装置是指利用金属丸冲击或压力辊压或施加预应力，使工件形成表面压应力或预应力状态的装置。有抛丸机和辊压机等。

（6）淬火冷却设备

淬火冷却设备是指用于热处理淬火冷却的装置，有各种冷却介质的淬火槽、喷射式淬火装置和压力淬火机床等。

（7）冷处理设备

冷处理设备是指用于将热处理件冷却到0℃以下的设备。常用的装置有冷冻机、干冰冷却装置和液氮冷却装置。

(8) 工艺参数检测、控制仪表

工艺参数检测、控制仪表，通常是指对温度、流量、压力等参数的检测、指示和控制仪表。随着计算机控制技术的应用，使人们对热处理工艺参数控制的概念发生了根本性的变化，除常规的工艺参数控制外，还有工艺过程静态和动态控制、生产线自动化控制、计算机模拟仿真等。计算机和程序成为工艺过程和设备运行的控制中心。

2.1.3 加热工艺参数

金属在加热过程中，表面总是先于心部被加热，再由表面向心部传热。因此在加热过程中，工件各点的温度不一样，其温度场分布是不均匀的。这样会导致工件在加热过程中，因各点的热胀冷缩程度不同而产生内应力，即热应力。而随着温度变化，金属在相变过程中，因为新旧两相的比体积变化而产生内应力，即组织应力。当热应力和组织应力超过材料的屈服强度时，会使工件发生塑性变形；当超过材料的断裂强度时，将产生裂纹。热处理产生应力、变形是不可避免的，严重时会使得工件因变形超差或者开裂而报废。为了避免这些问题，制定合理的加热温度、速度和时间等工艺参数显得尤为重要。

1. 金属的加热温度

确定加热温度时，金属及合金的相变临界点、再结晶温度等是基本的理论依据，但不能仅仅凭此来确定不同工件热处理的加热温度，实际生产中还要考虑一系列的影响因素：热处理设备的条件、原材料及热处理工艺要求、零件的尺寸及形状、加热方式、装炉量与排列方式等。

例如，热处理设备条件、加热设备的介质情况、设备的加热功率大小、炉膛内的有效加热范围及温度均匀性等，都会影响加热温度的设定。不同设备采用的加热介质直接影响加热速度和表面质量，设备的加热功率决定了工件的装炉量及生产效率，对加热速度和可达到的加热温度有着重要影响。对于要求控温精度较严格的热处理工艺，规定有效加热区内控温精度在±5℃以内；对于普通件的一般热处理，则可能要求±20℃以内。

2. 金属的加热速度

金属的加热速度是指在单位时间内金属表面温度升高的度数，单位℃/min。有时也用单位时间内加热钢坯的厚度（mm/min）或单位厚度的金属加热所需要的时间（min/mm）来表示加热速度。

从生产率的角度，不仅希望加热速度越快越好，而且加热的时间短，金属的氧化烧损也减少。但是提高加热速度受到一些因素的限制，除了炉子供热条件的限制外，特别要考虑金属内外允许温度差的问题。

钢在加热过程中，由于金属本身的热阻，不可避免地存在内外的温度差，表面温度总比中心温度升高得快，此时表面的膨胀要大于中心的膨胀，工件表面受压应力而中心受拉应力。工件内部热应力的大小取决于温度梯度的大小，加热速度越快，内外温差越大，热应力就越大。如果热应力超过了钢的强度极限，工件就会产生较大变形或者开裂，所以加热速度要限制在应力所允许的范围之内。

3. 金属的加热时间

热处理加热时间包括炉温升温时间、工件升温时间、工件透热时间和工件保温时间，如图 2-1 所示。通常情况下，当炉温达到一定温度后将工件装入炉内开始加热。从工件装炉到炉温达到设定温度的时间为炉温升温时间，用 $\tau_{炉升}$ 表示。$\tau_{炉升}$ 与炉子功率、设定温度和装炉量等因素有关。从装炉到工件表面达到炉温设定温度的时间为工件升温时间，用 $\tau_{工升}$ 表示。因为通常无法测量工件表面温度，$\tau_{工升}$ 不太容易确定。$\tau_{工升}$ 与工件尺寸、装炉量等因素有关。

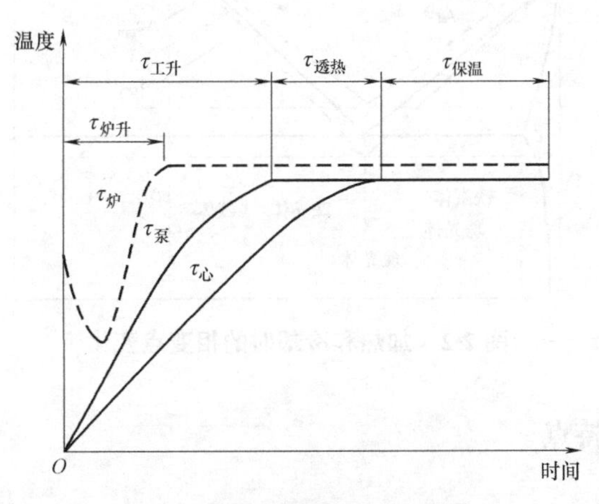

图 2-1　零件加热曲线示意图

工件在升温过程中，心部温度低于工件表面温度。当表面温度达到设定温度时，还需要一段时间，工件心部温度才能达到该设定温度，这段时间为透热时间，用 $\tau_{透热}$ 表示。$\tau_{透热}$ 主要跟工件厚度尺寸有关，工件越厚，透热时间越长。

工件内外温度一致后，还需要保温一段时间，用 $\tau_{保温}$ 表示。保温时间主要依据热处理工艺目的确定，对于不同工艺，保温时间差别非常大。

对于小尺寸零件，心部和表面温度差别不大，不需要考虑透热时间。大尺寸零件的透热时间则需要根据传热学进行计算，并根据实际情况进行修正。

2.2　奥氏体转变

钢的热处理一般包括加热—保温—冷却三个阶段。大部分热处理工艺都需要将钢加热到相变临界点以上，得到部分或全部奥氏体组织，即奥氏体化。然后根据工艺要求，以不同速度冷却，使奥氏体转变为不同的组织，使钢具有不同性能。

加热时形成的奥氏体晶粒大小和组织状态将对冷却转变后的组织和性能产生极大的影响。因此，掌握热处理工艺规律，首先要研究钢在加热时的变化，即奥氏体化过程。

根据铁碳相图，共析钢缓慢加热到超过 A_1 温度时，全部转变为奥氏体；亚共析钢和过共析钢必须加热到 A_3 和 A_{cm} 以上才能获得单相奥氏体。

在实际热处理加热条件下，加热速度不可能是缓慢的，因此，相变是在不平衡条件下进行的；其次，在考虑到过冷或过热现象的存在，相变点与相图中的相变温度有一些差异。具体如下：

加热时相变温度偏向高温，冷却时偏向低温，这种现象称为滞后（热滞或冷滞）。在热处理工艺实施过程中，加热或冷却速度越快，则滞后现象越严重。如图 2-2 所示，通常把加热时的实际临界温度标以右下标字母“c”表示，如 Ac_1、Ac_3、Ac_{cm}；而把冷却时的实际临界温度标以右下标字母“r”表示，如 Ar_1、Ar_3、Ar_{cm} 等。

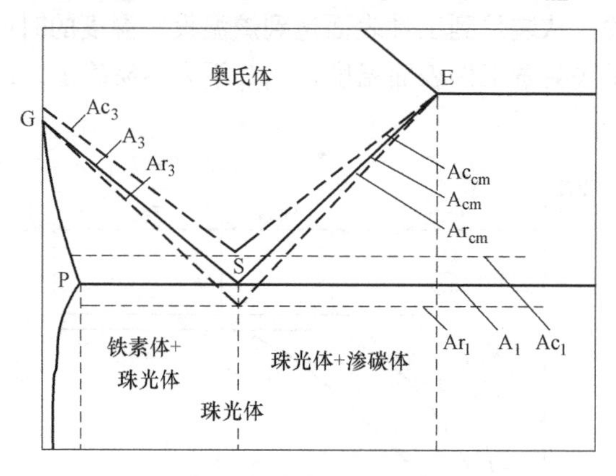

图 2-2　加热和冷却时的相变点变化

2.2.1　奥氏体及其特点

1. 奥氏体的结构

奥氏体是碳溶于 γ-Fe 所形成的间隙固溶体。在合金钢中，除了碳原子外，溶于 γ-Fe 中的还有其他合金元素原子。原子半径较小的非金属元素处于晶格的间隙位置，金属合金元素则置换部分铁原子，形成合金奥氏体。

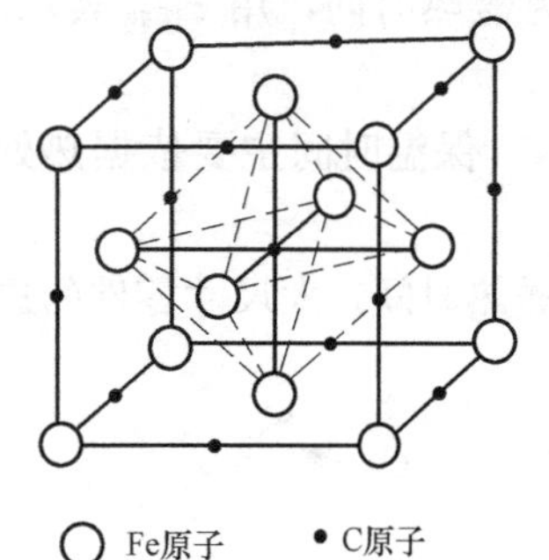

图 2-3　碳原子在点阵中的位置

（1）碳原子在点阵中的位置

γ-Fe 为面心立方结构，存在八面体间隙和四面体间隙，八面体间隙比四面体间隙大。X 射线结构分析证明，碳原子位于 γ-Fe 八面体间隙位置中心，即面心立方点阵晶胞的中心或棱边的中点，如图 2-3 所示。假如每一个八面体中心容纳一个碳原子，则碳的最大溶解度应为 20%（质量分数）。但实际上碳在 γ-Fe 中的最大溶解度仅 2.11%（质量分数）。这是因为 γ-Fe 的八面体间隙半径仅 5.2×10^{-2}nm，小于碳原子的半径 7.7×10^{-2}nm，碳原子的溶入将使八面体发生膨胀，造成点阵畸变，从而使周围的八面体中心的间隙减小，继续溶碳困难。因此不是所有的八面体中心均能容纳一个碳原子。事实上，只有约 2.5 个晶胞才能溶入一个碳原子。

（2）碳原子在奥氏体中的分布

碳原子在奥氏体的分布是不均匀的，存在着浓度起伏。奥氏体中碳的分布是呈统计均匀的。用统计理论计算结果表明，在含碳 0.85% 的奥氏体中可能存在大量比平均碳浓度高 8 倍的微区，相当于渗碳体的碳含量。

（3）碳含量与点阵常数的关系

碳原子的溶入使的 γ-Fe 点阵发生畸变，点阵常数增大。溶入的碳愈多，点阵常数愈大。如图 2-4 所示，可以通过测量奥氏体点阵常数的变化来确定奥氏体中的碳含量。置换原子也会引起晶格畸变和点阵常数变化，但变化相对较小。

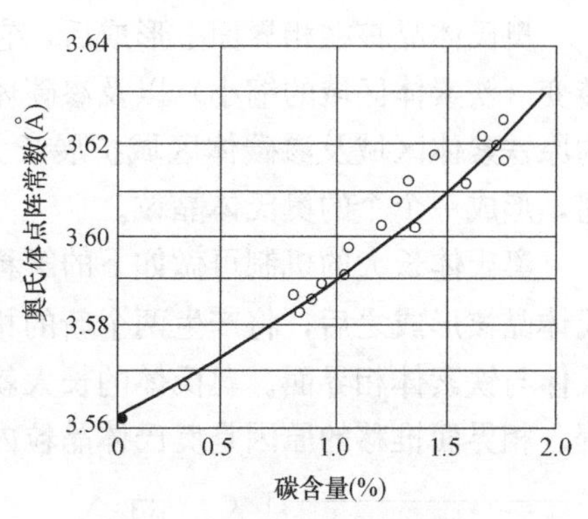

图 2-4　碳含量与点阵常数

2. 奥氏体的组织

奥氏体组织形态和奥氏体化前的原始组织、加热等因素有关，在一般的情况下奥氏体组织是由多边形的等轴晶粒所组成晶界较平直。在有些晶粒内部有时还可以看到相变孪晶。

3. 奥氏体的性能

Fe-C 合金中的奥氏体在室温下是不稳定相。但是在 Fe-C 合金中加入足够数量的能扩大 γ 相区的元素，可使奥氏体在室温，甚至在低温成为稳定相。因此，奥氏体可以是钢在使用时的一种重要组织形态。以奥氏体状态使用的钢称为奥氏体钢。

（1）磁性：奥氏体具有顺磁性，故奥氏体钢又可作为无磁钢。

（2）比容：在钢的各种组织中，奥氏体的比容最小。可利用这一点调整残余奥氏体的量，以达到减少淬火工件体积变化的目的。

（3）膨胀：奥氏体的线膨胀系数比铁素体和渗碳体的平均线膨胀系数高出约 1 倍。故奥氏体钢也可被用来制作要求热膨胀灵敏的仪表元件。

（4）导热性：除渗碳体外，奥氏体的导热性最差。因此，为避免热应力引起的工件变形，奥氏体不可采用过大的加热速度加热。

（5）力学性能：奥氏体具有高的塑性、低的屈服强度，容易塑性变形加工成形。因为面心立方点阵是一种最密排的点阵结构，至密度高，其中铁原子的自扩散激活能大，扩散系数小，从而使其热强性好。故奥氏体可作为高温用钢。

2.2.2　奥氏体的形成过程

1. 共析钢奥氏体的形成

对于共析钢而言，奥氏体化是珠光体向奥氏体转变的过程。珠光体组织一般为铁素体与渗碳体交替排列的层片状组织，加热过程中珠光体转变为奥氏体过程可分为四步进行：奥氏体形核、奥氏体长大、剩余碳化物（Fe_3C）溶解、奥氏体均匀化。

（1）奥氏体晶核的形成

由 Fe-Fe_3C 相图知，在珠光体转变为 A 奥氏体过程中，原铁素体的 bcc 晶格改组为奥氏体的 fcc 晶格，原渗碳体的复杂斜方晶格转变为 fcc 晶格。

当系统满足热力学条件时，奥氏体的形核依靠系统内的能量起伏、结构起伏和成分起伏。奥氏体晶核优先形成于铁素体和渗碳体的相界面上。相界面处碳原子浓度差较大，有利于获得形核所需要的碳浓度；相界上原子排列不规则，形核所需的结构起伏较小；相界上缺陷较多，有较高的畸变能，新相的形核有利于降低系统自由能。两相交界面越多，形成的奥氏体晶核越多。在高的相变驱动力下，奥氏体晶核也可在铁素体内的亚晶界上形核。

（2）奥氏体晶核的长大

奥氏体晶核在相界面上形成后，它的两侧分别与铁素体和渗碳体相接。随着铁素体的转变（铁素体区域的缩小）以及渗碳体的溶解（渗碳体区域缩小），奥氏体不断向其两侧的原铁素体区域及渗碳体区域扩展长大，直至铁素体和渗碳体完全消失，奥氏体彼此相遇，形成一个个的奥氏体晶粒。

奥氏体长大的机制可做如下的解释。在 Ac_1 以上某一温度 T_1 形成一奥氏体晶核。奥氏体晶核形成之后，将产生两个新的相界面，一个是奥氏体与渗碳体相界面，另一个是奥氏体与铁素体相界面。奥氏体的长大就是这两个相界面分别向铁素体和渗碳体中推移的过程。相界面推移的原因是奥氏体晶粒内部存在的浓度梯度。

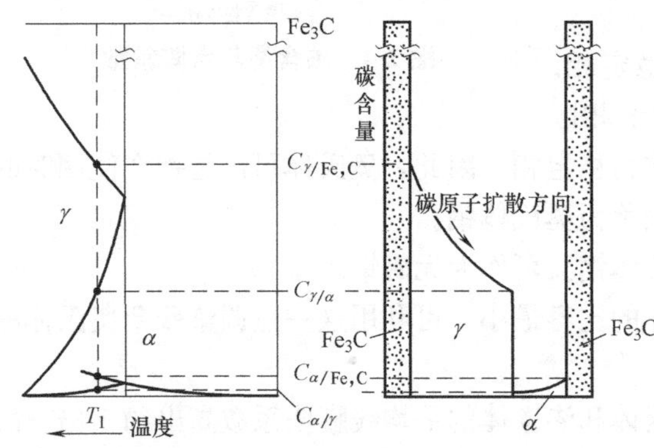

图 2-5　奥氏体长大时相界面上碳原子扩散示意图

为讨论问题的方便，我们假定两个相界面都是平直的，如图 2-5 所示。

根据 Fe-Fe_3C 相图可知，奥氏体与铁素体相邻的边界处的碳浓度为 $C_{\gamma/\alpha}$，奥氏体与渗碳体相邻的边界处的碳浓度为 C_{γ/Fe_3C}。此时，两个边界处于界面的平衡状态，这是系统自由能最低的状态。但是由于 $C_{\gamma/Fe_3C}>C_{\gamma/\alpha}$，奥氏体晶粒内部存在浓度梯度。浓度差的存在会导致碳原子由高浓度奥氏体/渗碳体界面向低浓度的奥氏体/铁素体界面扩散。为了维持相界面处的碳浓度平衡，界面处渗碳体势必会溶入奥氏体，使它们相邻界面的碳浓度恢复到 C_{γ/Fe_3C}，与此同时，另一个界面上将发生 bcc 向 fcc 的晶格改组，使其相邻边界的碳浓度恢复到 $C_{\gamma/\alpha}$，从而恢复界面的平衡，降低系统的自由能。这样使得奥氏体两侧界面分别向渗碳体和铁素体中推移，奥氏体晶核得以长大。此过程循环往复地进行，直到将铁素体和渗碳体消耗完，奥氏体晶核的长大结束。

综上所述，奥氏体晶粒内部存在的碳浓度梯度导致相界面移动，而相界面移动的结果就是 Fe_3C 的不断溶解，α 相不断转变为 γ 相。

(3) 剩余碳化物（Fe_3C）溶解

在奥氏体的长大过程中，铁素体和渗碳体的碳含量与奥氏体中碳平衡浓度相差甚远。渗碳体只需溶解小部分即可使得 γ/Fe_3C 界面处的奥氏体含碳量上升至平衡浓度，而铁素体则需大量溶解才能使 γ/α 界面处奥氏体的碳浓度趋于平衡。所以在珠光体向奥氏体转变过程中，铁素体和渗碳体并不是同时消失，铁素体转变为奥氏体速度远高于渗碳体的溶解速度。在铁素体完全转变之后，尚有部分未完全溶解的渗碳体残留下来。随着保温时间的延长或温度的升高，通过碳原子的扩散不断溶入奥氏体中。一旦渗碳体全部溶入奥氏体中，这一阶段便告结束。

(4) 奥氏体的均匀化

当铁素体全部转变为奥氏体后，剩余的渗碳体将继续溶解。即使渗碳体全部溶解，奥氏体内的成分仍不均匀。在原铁素体区域形成的奥氏体含碳量偏低，在原渗碳体区域形成的奥氏体含碳量偏高。因此，剩余碳化物溶解后，还需要继续保温或加热，使碳原子充分扩散，奥氏体成分才可能趋于均匀。

图 2-6 表示共析钢奥氏体形成的四个基本阶段：奥氏体晶核的形成、奥氏体晶核的长大、剩余渗碳体的溶解、奥氏体成分的均匀化。

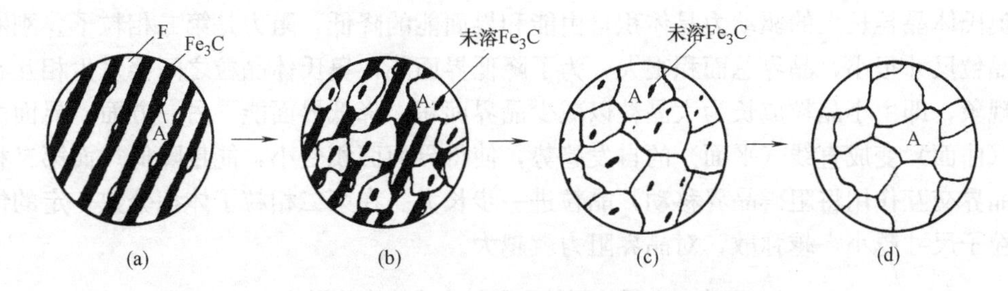

图 2-6　共析钢的奥氏体形成过程示意图

(a) A 形核；(b) A 长大；(c) 残余 Fe_3C 溶解；(d) A 均匀化

上述分析表明，珠光体转变为奥氏体并使奥氏体成分均匀必须有两个充要条件：一是温度条件，要将温度加热至 Ac_1 以上；二是时间条件，要在 Ac_1 以上温度保持足够时间。

在一定加热速度条件下，超过 Ac_1 的温度越高，奥氏体的形成与成分均匀化需要的时间愈短；在一定的温度（Ac_1 以上）条件下，保温时间越长，奥氏体成分越均匀。

2. 非共析钢奥氏体的形成

亚共析钢与过共析钢的奥氏体化过程与共析钢奥氏体化过程是类似的。亚共析钢和过共析钢的平衡组织中存在先共析相。当亚（过）共析钢中的共析组织（珠光体）转变为奥氏体后，如果奥氏体化温度在 Ac_3（Ac_{cm}）以上时，还存在先共析铁素体（先共析渗碳体）进一步转化为奥氏体的问题。

与共析钢相比，过共析钢的碳含量较高，其剩余碳化物溶解和奥氏体均匀化所需时间会更长。亚共析钢中的先共析铁素体继续向奥氏体转变，直至达到平衡状态。

2.2.3　奥氏体形成动力学

奥氏体形成动力学研究的是奥氏体形成过程中，转变量与温度和时间的关系。奥氏体既可以在等温条件下形成，也可以在连续加热条件下形成。奥氏体的形成速率取决于形核率 N 和长大速度 G。而 N 和 G 与转变温度或过热度密切相关。

在均匀形核条件下，奥氏体的形核率受两个因素控制——形核功和扩散激活能。形核率的数学表达式为：

$$N=N_0\exp[-(Q+W)/(kT)] \tag{2-1}$$

式中，N_0 为常数，Q 为扩散激活能，W 为临界形核功，k 为玻尔兹曼常数，T 为绝对温度。

对于固态相变，扩散激活能 Q 较大，弹性应变能也进一步增大了临界形核功 W。所以固态相变的均匀形核率的能量门槛值（$Q+W$）高，晶胚越过能量门槛成为晶核的可能性小，导致固态相变的均匀形核率远远低于液态金属凝固是的均匀形核率。

在奥氏体化过程中，提高奥氏体化温度，过热度增加，不仅提高了相变驱动力，使得形核功变小，而且增加了原子扩散速率。所以，增加过热度有利于奥氏体形核，其形核率随着奥氏体化温度的升高，呈指数函数关系增长。随着奥氏体形核率的急剧增加，更容易获得细小的起始晶粒度。见表 2-1。

奥氏体晶粒长大的驱动力是体积自由能和界面能的降低，阻力是第二相粒子。刚刚形核的晶粒尺寸很小，晶界总面积很大，为了降低界面能，奥氏体晶粒之间会发生相互吞并长大现象，即由小晶粒成长为大晶粒以减少晶界面积，降低界面能。另一方面，界面由从曲线（曲面）变成直线（平面）的自发趋势，使得界面面积变小，能量降低。而第二相粒子与晶界交互作用将阻碍晶界移动，晶粒进一步长大。在第二相粒子体积分数一定的情况下，粒子尺寸越小，越弥散，对晶界阻力就越大。

温度对奥氏体形核率和长大线速度的影响 **表 2-1**

温度(℃)	形核率($mm^3 \cdot s^{-1}$)	长大的线速度(mm, s^{-1})	转变完成一半所需时间(s)
740	2300	0.001	100
760	11000	0.010	9
780	52000	0.025	3
800	600000	0.040	1

除了加热温度以外，钢的化学成分及原始组织也影响着奥氏体形成速度。

钢中碳的质量分数越高，碳化物数量增多，铁素体和渗碳体相界面增加，奥氏体形核位置增加，而且随着碳化物的数量增加，碳原子的扩散距离减小，将加速奥氏体形成。但碳化物过多，则需要更长的时间进行碳化物溶解及奥氏体均匀化。

钢中合金元素对奥氏体转变速度也有一定影响。强碳化物形成元素，如 Mo、W、Cr 等降低了碳在奥氏体中的扩散速度，且形成的碳化物不易溶解，使奥氏体化速度降低。非碳化物形成元素 Co 和 Ni 等增大碳在奥氏体中的扩散速度，加速奥氏体形成。

钢的原始组织越细，相界面越多，奥氏体形核位置增多。同时，原始组织越细，珠光体片间距越小，使碳原子扩散距离减小，奥氏体化速度增加。

2.2.4 奥氏体晶粒长大及控制

室温状态下，钢的显微组织都是由高温时的奥氏体转化而来。高温时奥氏体晶粒越细，室温时的组织也越细。因此，奥氏体晶粒的大小将直接影响钢件热处理后的组织和性能。大多数情况下，在奥氏体化过程中希望得到细小的奥氏体晶粒，因此必须掌握控制奥氏体晶粒尺寸的方法。

晶粒度：是表征晶体内晶粒大小的量度，通常用长度、面积、体积或晶粒度级别表示。一般根据标准晶粒度等级图确定钢的奥氏体晶粒大小。

生产中一般采用标准晶粒度等级图，用比较等方法来测定钢的奥氏体晶粒大小：1～4 级为粗晶粒度，5～8 级为细晶粒度，超过 8 级的为超细晶粒，小于 1 级的为超粗晶粒，如图 2-7 所示。

奥氏体晶粒度 N 与晶粒数量 n 的关系：

$$n=2^{N-1} \tag{2-2}$$

式中 n——在放大 100 倍的视野中，每平方英寸（$6.45cm^2$）视场中观察到的平均晶粒数；

N——奥氏体晶粒度级别，一般分为 1～8 级。

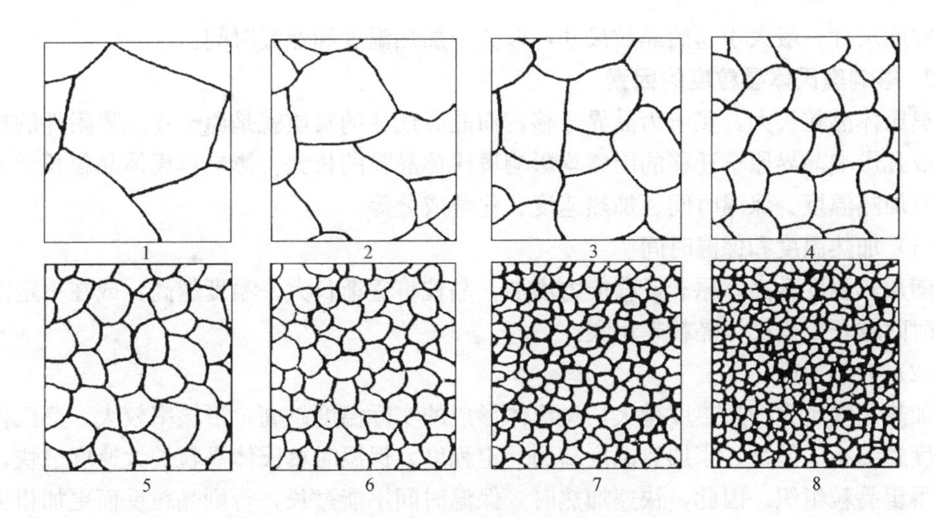

图 2-7　标准奥氏体晶粒等级（放大 100 倍）

1. 奥氏体的晶粒度

一般来说，奥氏体晶粒越细，钢热处理后的强度越高，塑性越好，冲击韧性越高。衡量 A 晶粒大小有三种晶粒度：起始晶粒度、本质晶粒度、实际晶粒度。

（1）起始晶粒度

起始晶粒度定义：钢在临界温度以上奥氏体形成刚结束，其晶粒边界刚刚相互接触时的晶粒大小。起始晶粒度与形核率 N 和长大速度 G 有关。增大 N，降低 G，可细化奥氏体起始晶粒；反之，粗化起始晶粒。例如：增大加热速度，则奥氏体转变温度升高，形核率增加，奥氏体起始晶粒细化。

（2）本质晶粒度

本质晶粒度定义：表征钢在加热时奥氏体晶粒长大的倾向。一般采用标准试验方法测定：即钢加热到 930℃±10℃、保温 8h，冷却后测得的晶粒度叫本质晶粒度。如果测得的晶粒细小，则该钢称为本质细晶粒钢。这种钢的奥氏体晶粒随温度升高到某一温度时，才迅速长大；如果测得的晶粒粗大，则该钢称为本质粗晶粒钢。这种钢的奥氏体晶粒随温度的升高而且迅速长大。

本质晶粒度表征奥氏体晶粒长大的倾向，取决于材料本身；本质晶粒度是在规定实验条件下测得的。如果实际奥氏体化条件发生了改变，则本质细晶粒钢也有可能得到粗大的奥氏体晶粒，而本质粗晶粒钢也可能会得到细小的奥氏体晶粒。如图 2-8 所示。

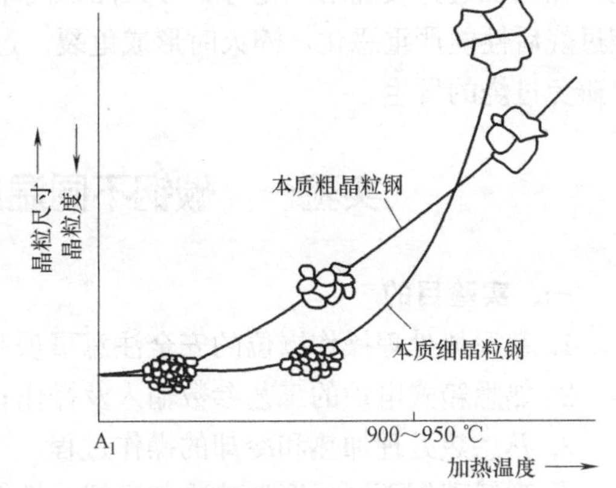

图 2-8　本质细晶粒和本质粗晶粒示意图

（3）实际晶粒度

实际晶粒度定义：某一具体热处理或热加工条件下的奥氏体的晶粒度叫实际晶粒度，它决定钢冷却后的组织和性能。实际晶粒度尺寸一般大于起始晶粒尺寸，取决于加热温度和保温时间。

2. 影响奥氏体晶粒度的因素

奥氏体晶粒长大，实质为晶界迁移，而晶界迁移的实质就是原子在晶界附件的扩散过程，故凡影响晶界原子迁移的因素均影响奥氏体晶粒的长大。影响奥氏体晶粒长大的主要因素有加热温度、保温时间、加热速度、化学成分等。

(1) 加热温度和保温时间

随加热温度升高，原子迁移能力增加，晶粒将逐渐长大。温度越高，或在一定温度下保温时间越长，奥氏体晶粒越粗大。

(2) 加热速度

加热速度越大，过热度越大，奥氏体形成的实际温度越高，形核率较大，奥氏体起始晶粒度越细小。但是，当加热温度高到一定程度，保温时奥氏体晶粒长大速度过快，反而易获得粗晶粒组织。因此，快速加热时，保温时间不能过长，否则晶粒反而更加粗大。生产中经常采用“短时快速加热工艺”来获得超细化的晶粒。

(3) 化学成分

在一定范围内，随着碳的质量分数增加，碳原子在奥氏体中的扩散速度及铁原子的自扩散速度均增加，奥氏体晶粒长大倾向增加。当碳含量超过一定限度时，由于过多的二次渗碳体的存在，反而会阻碍奥氏体晶粒的长大。因此，过共析钢在 Ac_1-Ac_{cm} 区间加热时可以得到细小的奥氏体晶粒。

合金元素：Ti、V、Nb、Al、Zr 等元素，与碳形成碳化物、氧化物和氮化物，弥散分布在晶界上，能阻碍晶粒长大，有利于得到本质细晶粒钢；Mn 和 P，促进晶粒长大，含有这类元素的钢一般为本质粗晶粒钢。

2.2.5 过热与过烧

过热：钢在热处理时，由于加热不当（如加热温度过高或保温时间过长）而引起奥氏体实际晶粒粗大，以致在随后淬火或正火时得到十分粗大的组织，从而使钢的力学性能显著恶化的现象。热处理过程中出现过热现象，一般可以通过正火工艺弥补。

过烧：加热时温度过高，不仅奥氏体晶粒粗大，而且奥氏体晶界发生晶界弱化的变化，如晶粒边界被烧熔氧化等，导致晶粒间结合力的破坏而使钢失去本身的强度和塑性。钢过烧后性能严重恶化，淬火时形成龟裂。过烧组织无法恢复，只能报废。因此在工作中要避免过烧的发生。

实验一　碳钢不同温度加热冷却组织转变

一、实验目的

1. 掌握热处理操作岗位的安全注意事项和设备操作规程；
2. 熟悉箱式电炉的工艺参数输入及操作；
3. 熟悉热处理加热和冷却的操作过程；
4. 理解碳钢不同温度加热冷却组织及性能的变化规律；
5. 掌握如何依据铁碳相图确定碳钢热处理加热温度。

二、实验要求

学生在掌握钢中奥氏体形成及过冷奥氏体转变的相关知识的基础上，在规定时间内，完成实验操作过程；完成实验报告；完成讲评总结。

三、实验学时

4学时。

四、实验设备及材料

箱式电炉、水槽、布氏硬度计及标准试块、洛氏硬度计及标准试块、砂轮机、金相显微镜、金相砂纸、4%硝酸酒精、脱脂棉、镊子等，每组准备4或8个45号钢试块。

五、实验分组

老师组织学生分组，6～8人为一组。学生以小组为单位共同完成实验项目，但对于实验项目的内容和要求，每个同学都要求掌握。

六、实验内容和步骤

1. 实验内容

（1）熟悉加热设备高温箱式炉的操作方法和注意事项；

（2）将四组45号钢试块，分别在700℃、750℃、840℃、920℃情况下加热保温20min，水冷；

（3）测定硬度数值，注意进行硬度实验数据的记录，洛氏硬度最少记录4次数据；

（4）完成金相试样制备及组织观察；

（5）小组集体分析讨论数据的正确性，确定最终实验数据结果和实验结论。

2. 实验步骤

项目资讯	在了解项目任务及实训目的后，以小组为单位，讨论、分析、提问、查阅与钢中奥氏体形成及过冷奥氏体转变的相关知识，以及硬度检测操作、安全、质量等相关知识。各岗位要清楚自己的职责、知识点和技能点
决策	小组成员可各自提出实验方案，在讨论的基础上，确定其实施方案
计划	编写实施方案(参数及内容涉及：使用设备及型号、工装、工具、质量检查项目、技术要求)；制定工作计划(包含工序步骤、小组分工)
实施	操作前准备工作，检查设备、工具、工装、硬度计和显微镜等；按照工作计划来进行操作。 在加热设备上输入加热温度、保温时间等工艺参数；工件装炉，并按照工作计划和设备说明来进行操作
检查	检查所用钢的表面质量、是否开裂及变形；检测硬度并记录数值；完成金相制备及组织观察。留好样件做备查。 检查设备、工装、工具、仪器等是否损坏、丢失；是否摆放到位；维护设备及清扫卫生
评价	参照情境学习考核标准及项目任务完成情况进行自我评价、小组互评，学生完成实训报告的填写。最后老师总评
其他	实训完毕，清理场地，检查整理工具、设备，是否遗落或损坏。如有遗失或损坏应向指导教师说明情况和原因，填写情况报告书

3. 实验结果

组别	试样1	试样2	试样3	试样4	试样5	试样6	试样7	试样8
第一组								
第二组								
第三组								
第四组								

七、实验项目评价

以下为考核标准和考评内容。

考评项目	考评内容	成绩占比
专业能力	1. 掌握热处理操作岗位的安全注意事项和设备操作规程； 2. 熟悉箱式电炉的工艺参数输入及操作； 3. 熟悉热处理加热和冷却的操作过程； 4. 理解碳钢不同温度加热冷却组织及性能的变化规律； 5. 掌握如何依据铁碳相图确定碳钢热处理加热温度	40%
方法能力	1. 能熟练运用专业知识；具备收集查阅处理信息能力； 2. 能正确制定工作计划和实施方案；工艺方案思路清晰正确； 3. 具备分析和解决问题的能力。善于记录总结项目过程数据等	30%
项目检查	1. 实验过程及结果正确，具备处理问题和采取措施的能力； 2. 实验报告完成质量好，善于进行项目总结。小组总结完成好； 3. 实验完成后，清理、归位、维护和卫生等善后工作到位	20%
社会能力	工作与职业素养、学习态度、责任心、团队合作精神、交流及表达能力、组织协调能力、质量意识、安全意识和环保意识。遵守教学管理制度情况、遵守安全操作规程情况；设备维护保养及爱护情况；是否有脱岗情况；回答问题情况；小组成员配合情况	10%
总评	合计分数	

思考题

1. 简述钢中奥氏体的点阵结构，碳原子可能存在的部位及其在单胞中的最大含量。

2. 以共析碳钢为例说明奥氏体的形成过程，并讨论为什么奥氏体形成后还会有部分渗碳体未溶解。

3. 合金元素对奥氏体形成的四个阶段有何影响？

4. 钢在连续加热时，珠光体奥氏体转变有何特点？

5. 何为奥氏体的本质晶粒度、起始晶粒度和实际晶粒度？钢中弥散析出的第二相对奥氏体晶粒的长大有何影响？

6. 试讨论奥氏体等温形成动力学的特点。

7. 试讨论影响奥氏体形成速度的因素。

8. 试述奥氏体晶粒的长大过程及影响因素。

第2章拓展知识
热电偶的测温
原理及选用

第 3 章　钢的过冷奥氏体转变

钢加热至临界点以上，保温并奥氏体化，这是大多数热处理工艺的首要环节。在随后的降温过程中，当奥氏体冷却至临界点以下，则变为非稳态的过冷奥氏体。钢件热处理后的性能在很大程度上取决于冷却过程中过冷奥氏体转变产物的类型和组织形态。Fe-Fe_3C 相图主要反映了平衡状态下，铁碳合金的成分-温度-组织之间的变化规律。

而在实际生产中，为了使材料具备一定的性能，大多热处理工艺是在非平衡条件下完成的。由于转变温度的不同，过冷奥氏体将按不同机理完成转变：在较高温度范围内发生的是扩散型相变，即珠光体类型的转变；在中温温度范围内发生的是半扩散型相变，即贝氏体类型转变；而在低温范围内则发生无扩散型相变，即马氏体转变。

对于同一种材料而言，采用不同的冷却工艺，将得到不同的冷却组织，也就意味着使同种材料具备了不同的力学性能。其不同条件下的过冷奥氏体转变，通常可以用温度、时间和转变过程之间的关系图来描述，即为过冷奥氏体转变图。根据冷却方式不同，过冷奥氏体转变图可分为等温转变图及连续冷却转变图两类。它们是制定热处理工艺，合理选择钢材及预测零件热处理后性能的重要的理论依据之一。

3.1　过冷奥氏体的不同冷却类型

热处理工艺中，钢在奥氏体化后进行冷却。如图 3-1 所示，冷却的方式通常有两种：等温冷却——将钢迅速冷却到临界点以下的某一温度保温，使其在该温度下恒温转变；连续冷却——将钢以某种速度连续冷却，使其在临界点以下变温连续转变。

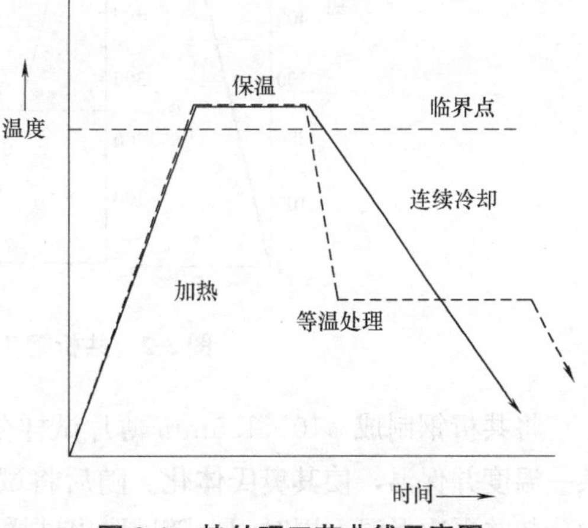

图 3-1　热处理工艺曲线示意图

因常规的热处理工艺，发生的相变过程都不是一个平衡过程，所发生的转变温度、转变时间、转变产物及转变量不能完全依据铁碳相图来分析和判断，研究奥氏体冷却转变常用：

等温转变曲线，即 TTT 曲线（Time Temperature Transformation Diagram），过冷奥氏体在一定温度下随时间变化，组织转变情况。

连续冷却转变曲线，即 CCT 曲线（Continuous Cooling Transformation Diagram），过冷奥氏体依冷却速度变化，组织转变情况。

TTT 曲线揭示了过冷奥氏体等温转变的规律，综合反映了各种因素对转变动力学的影响；CCT 曲线更确切反映热处理冷却状况，一般作为选择热处理冷却制度的依据。

3.2　过冷奥氏体的等温转变

过冷奥氏体——在实际冷却条件下，处于临界温度 A_1 以下的奥氏体。

当温度在 A_1 以上时，奥氏体是稳定的。当温度降到 A_1 以下后，奥氏体即处于过冷状态，过冷奥氏体是不稳定的，会转变为其他的组织。钢在冷却时的转变，实质上是过冷奥氏体的转变。

研究过冷奥氏体在非平衡冷却条件下的转变规律，实际上是研究温度和时间这两个因素对转变产物的影响。由于等温冷却方式可以避开温度与时间的交互作用，所以被广泛用于动力学研究。

3.2.1　等温转变动力学图的测定

目前，过冷奥氏体等温转变图的测定通常采用金相法、膨胀法、磁性法等。

1. 金相法

下面以共析钢为例，简述其奥氏体等温转变曲线的建立过程，如图 3-2 所示。

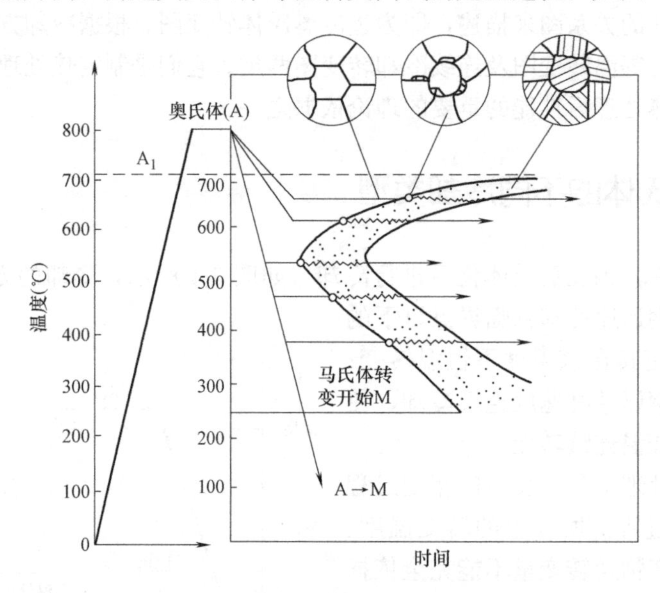

图 3-2　共析钢 TTT 曲线建立示意图

将共析钢制成 $\phi 10 \times 1.5$mm 薄片试样分成若干组。先取一组试样，加热至 Ac_1 以上某一温度并保温，使其奥氏体化。随后将试样取出并迅速投入 Ar_1 以下某一恒温盐浴炉中冷却并再次保温不同时间，随后取出试样淬入水中，使尚未转变的奥氏体成为马氏体。将样品冷却取出后，进行金相试样制备，并观察其显微组织。金相组织中，亮白色部分为未转变的奥氏体，在随后的水冷中变为马氏体，其余为奥氏体转变而来的珠光体。通过金相观察法找出奥氏体转变的开始时间和终了时间。随后把其他各组试样也加热至奥氏体化，并迅速投入到 Ar_1 以下（如 650℃、600℃、550℃、500℃、450℃等）的盐浴炉中等温不同的时间，并用金相法测试各个温度下奥氏体转变的开始时间和终了时间。将各个温度下奥氏体转变的开始时间和终了时间画在温度-时间坐标上，并把所有的转变开始点和终了点连起来，由此便得到了过冷奥氏体等温转变图。

综上所述，金相法就是利用金相显微镜直接观察过冷奥氏体在不同等温温度下，各转变阶段的转变产物及其数量，根据组织的变化来确定过冷奥氏体等温转变的起止时间，从而绘制出等温转变图。金相法能比较准确地测出转变的开始点和终了点，并可直接观察到转变产物的组织形态和转变量，但是需要大量的金相制备工作。

2. 膨胀法

这种方法采用热膨胀仪，利用钢在相变时的比体积变化来测定过冷奥氏体在等温转变过程中的起止时间。测定前，预先将 A_1 或 A_3 至 M_s 点的温度范围划分成一定数量的等温温度间隔。每一个等温温度使用一个试样。测量时，先将样品奥氏体化，然后迅速转入预先设定好的等温炉中做等温停留，此时膨胀仪可测量出等温转变所引起的样品尺寸变化与时间的关系，如图 3-3 所示。

膨胀法测量时间短、效率高，容易确定在各个转变量下对应的时间，能够测出过共析钢的先共析线。但是当膨胀曲线变化比较平缓时，因尺寸变化小，转折点测试精度不够。

3. 磁性法

磁性法基于奥氏体与其分解产物的磁性能差异。奥氏体为顺磁性，而其分解产物铁素体、贝氏体、马氏体等均为铁磁性。通过相变引起的有磁性到铁磁性的转变来确定相变的起止时间、转变量与时间的关系。

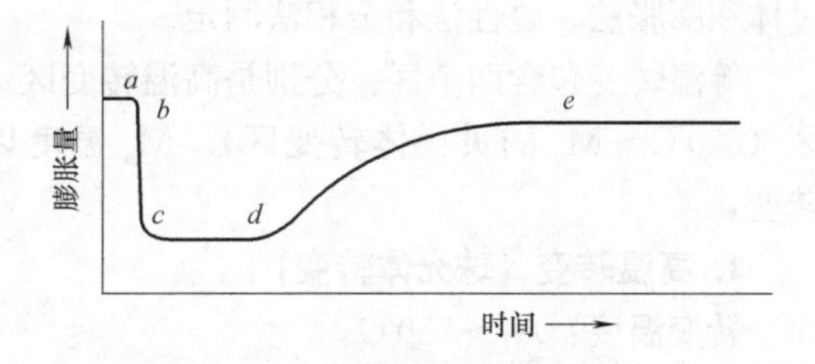

图 3-3　等温转变时的膨胀量-时间曲线示意图

将 ϕ3mm×330mm 的被测试样放入磁场中，当试样为奥氏体时，不受磁场力作用。如果试样受到磁场力而发生偏转，说明相变开始，试样内部出现铁磁相。试样偏转角度的大小与铁磁相数量成正比。

由于珠光体和铁素体都是铁磁性，所以磁性法不能测出先共析渗碳体的析出线和亚共析钢的珠光体转变开始线。

3.2.2　共析钢过冷奥氏体等温转变

图 3-4 是到共析钢的过冷奥氏体等温转变曲线，因其形状像英文字母 C，又称“C”曲线。

(1) 共析钢 C 曲线图中的五条线

1) A_1 线是奥氏体向珠光体转变的临界温度；

2) 左边的一条“C”曲线，为奥氏体转变开始线；

3) 右边的一条“C”曲线，为奥氏体转变终了线；

4) M_s 线表示过冷奥氏体向马氏体转变的开始温度；

5) M_f 线表示过冷奥氏体向马氏体转变的终了温度。

(2) 共析钢 C 曲线图中的五个区域

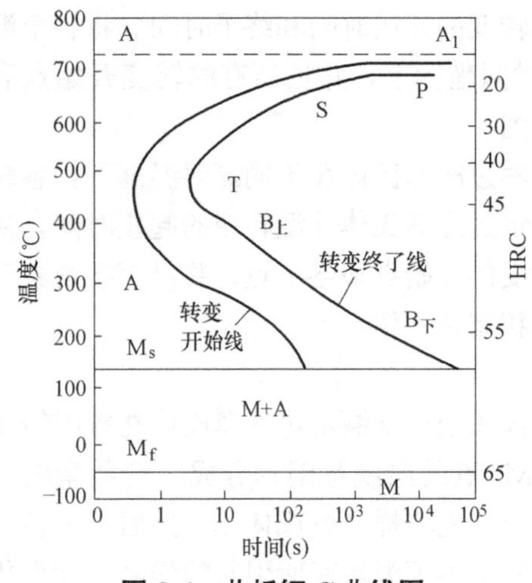

图 3-4 共析钢 C 曲线图

1）A_1 温度以上区域是奥氏体稳定区；

2）A_1 以下，转变开始线以左为过冷奥氏体区；

3）转变终了线以右和 M_s 点以上为中高温转变产物区；

4）转变开始线与终了线之间为过冷奥氏体和中高温转变产物的共存区；

5）M_s 与 M_f 之间为低温转变产物马氏体转变区。

孕育期——过冷奥氏体转变开始之前所经历的等温时间称为孕育期。

孕育期的长短反映了过冷奥氏体的稳定性大小。孕育期越长，过冷奥氏体越稳定，在 C 曲线的“鼻尖”处孕育期最短，过冷奥氏体的稳定性最小。

等温转变曲线：过冷 A 等温转变过程和转变产物与温度和时间的关系曲线，可以通过体积膨胀法、磁性法和金相法测定。

等温转变包含两个区：分别是高温转变区（A_1～550℃的珠光体转变区）和中温转变区（550℃～M_s 的贝氏体转变区）。M_s 温度以下的低温区为马氏体转变，不属于等温转变。

1. 高温转变（珠光体转变）

转变温度：A_1～550℃。

转变产物：珠光体型组织，是铁素体和渗碳体的机械混合物，渗碳体呈层片状分布在铁素体基体上，转变温度越低，层间距越小。按层间距大小，珠光体型组织分为：珠光体（P）——层间距较大，索氏体（S）——层间距居中，屈氏体（T）——层间距最小见表 3-1。

过冷奥氏体高温转变产物的形成温度和性能　　表 3-1

组织名称	符号	形成温度范围(℃)	组织特征	可分辨的显微倍数	硬度
珠光体	P	A_1～650	层间距大，又称粗片状珠光体	＞500×	170～250HBS
索氏体	S	650～600	层间距较小，又称细片状珠光体	＞1000×	25～35HRC
屈氏体	T	600～550	层间距更小，又称极细片状珠光体	＞2000×	35～40HRC

它们都是珠光体类型的组织，只是层间距不同而已，都是铁素体和渗碳体层片相间构成，如图 3-5～图 3-7 所示。

实际上，这三种组织都是珠光体，其差别只是珠光体组织的“层间距”大小，形成温度越低，层间距越小。“层间距”越小，组织的硬度越高。屈氏体的硬度高于索氏体，远高于粗珠光体。

奥氏体转变为珠光体的过程也是形核和长大的过程，相变主要是通过原子扩散来完成。

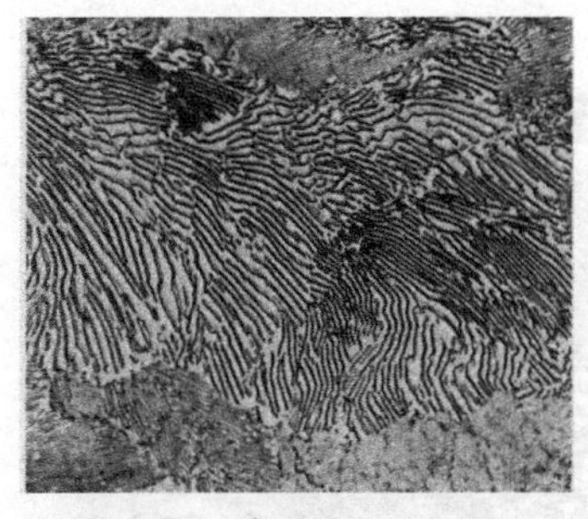

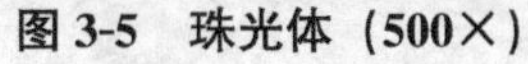

图 3-5　珠光体（500×）

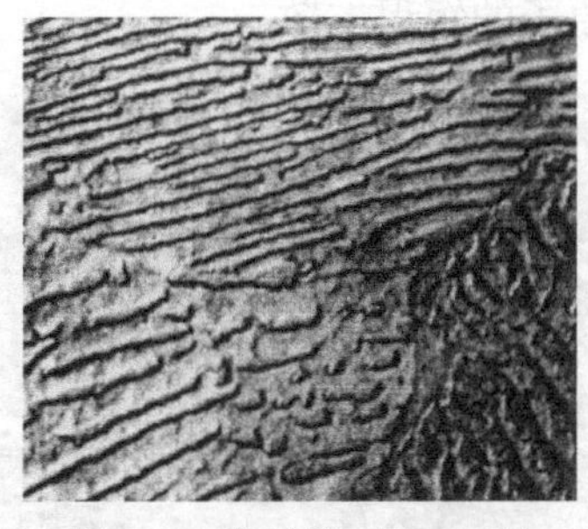

图 3-6　索氏体（8000×）

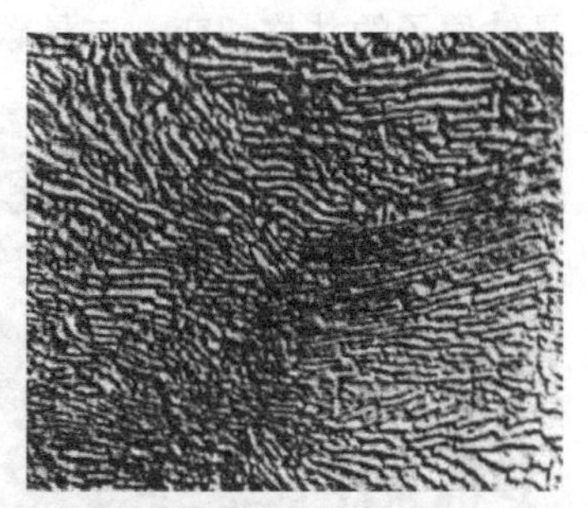

图 3-7　屈氏体（8000×）

转变机制：奥氏体（FCC）转变为珠光体（铁素体为BCC，渗碳体为复杂斜方）的过程是形核和长大的过程，期间伴随着晶格的改组和原子的扩散，属于扩散型转变。

转变组织的性能：由于珠光体的塑性主要来自铁素体，而渗碳体阻碍滑移的进行，故珠光体的片间距越小，则强度、硬度和韧性提高。强化机制与细晶强化的原理类似。

2. 中温转变（贝氏体转变）

转变温度：550℃～M_s。

转变产物：贝氏体（B），渗碳体分布在碳过饱和的铁素体基体上的两相混合物。

上贝氏体（$B_上$）：550～350℃。呈羽毛状，是由成束的、大体平行的板条状铁素体和板条间断续分布的条状渗碳体构成，如图 3-8 所示。

(a)

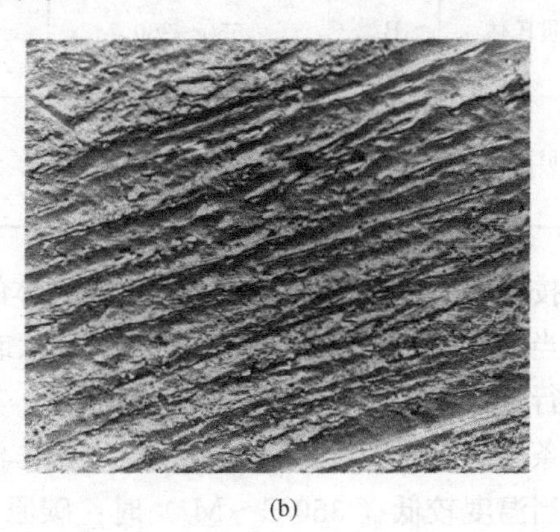

(b)

图 3-8　上贝氏体光学显微照片

(a) 光学显微照片（500×）；(b) 电子显微照片（10000×）

下贝氏体（$B_下$）：350℃～M_s。在光学显微镜下为黑色针状或片状，各片之间有一定的交角。在电子显微镜下可看到在铁素体针内沿一定方向分布着细小的碳化物颗粒，如图 3-9 所示。和 $B_上$ 一样，$B_下$ 也是由铁素体和碳化物两相构成。但两者铁素体的形态和碳化物的分布有明显的差异。$B_下$ 中的铁素体形态和片状马氏体很相似，而碳化物分布在铁素体内部，且尺寸细小。

转变机制：在中温区发生奥氏体转变时，由于温度较低，铁原子扩散困难，只能以共格切变的方式来完成原子的迁移，而碳原子尚有一定的扩散能力，可以通过短程扩散来完成原子迁移。所以贝氏体转变属于半扩散型相变。在贝氏体转变中，存在着两个过程，一是铁原子的共格切变，二是碳原子的短程扩散。

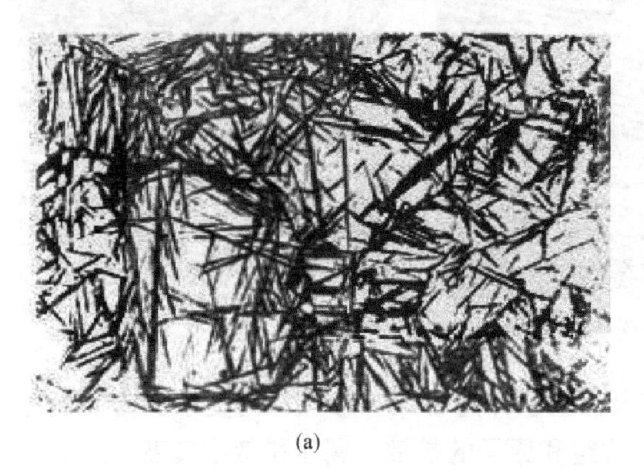

(a)

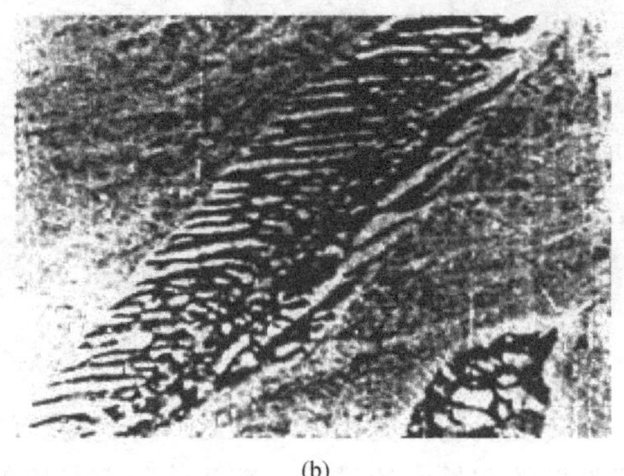

(b)

图 3-9　下贝氏体显微照片

(a) T8 钢，$B_下$，黑色针状光学显微照片（400×）；(b) F 针内定向分布着细小碳化物颗粒电子显微照片（ 12000×）

共析钢过冷奥氏体中温转变的两种产物　　**表 3-2**

组织名称	符号	形成温度范围(℃)	组织特征	硬度(HRC)	塑性
上贝氏体	$B_上$	550～350	过饱和碳铁素体条和断续的渗碳体条组成,呈羽毛状	40～48	较差
下贝氏体	$B_下$	350～M_s	过饱和碳铁素体片和颗粒状碳化物组成,呈针片状	48～55	较好

按照转变温度的不同，上、下贝氏体的形成过程也有差异：

当温度较高（550～350℃）时：条状或片状铁素体从奥氏体晶界开始向晶内以同样方向平行生长。随着铁素体的伸长和变宽，其中的碳原子向条间的奥氏体中富集，最后在铁素体条之间析出断续的渗碳体条，奥氏体消失，形成上贝氏体。

当温度较低（ 350℃～M_s）时：碳原子扩散能力低，铁素体在奥氏体的晶界或晶内的某些晶面上长成针状。尽管最初形成的铁素体固溶碳原子较多，但碳原子不能长程迁移，因而不能逾越铁素体片的范围，只能在铁素体内一定的晶面上以高弥散度的碳化物颗粒的形式析出，从而形成下贝氏体。

两种贝氏体性能比较：

$B_上$：铁素体片较宽，强度较低；同时渗碳体分布在铁素体片之间，容易引起脆断，因此强度和韧性都较差。

$B_下$：铁素体针细小，无方向性，碳的过饱和度大，位错密度高，且碳化物均匀分布在铁素体之上、弥散度大。所以硬度高、韧性好，具有较好的综合机械性能。

3. 低温转变（M 转变）

温度低于 M_s 点时，发生马氏体转变。马氏体一般是过冷奥氏体在连续冷却过程中形成的，此部分内容将在后面的章节进行讨论。

3.2.3　其他类的过冷奥氏体等温转变

1. 亚共析钢过冷奥氏体的等温转变

图 3-10 是亚共析钢过冷奥氏体等温转变曲线。与共析钢 C 曲线不同的是，在其上方多了一条过冷奥氏体转变为铁素体的转变开始线。亚共析钢的过冷奥氏体等温转变过程与共析钢类似，只是在高温转变区过冷奥氏体将先有一部分转变为先共析铁素体，剩余的过冷奥氏体再转变为珠光体型组织。

2. 过共析钢过冷奥氏体的等温转变

图 3-11 是过共析钢过冷奥氏体等温转变曲线。与亚共析钢类似，过共析钢过冷奥氏体的 C 曲线的上部为过冷奥氏体中析出的先共析相的开始线。过共析钢的过冷奥氏体在高温转变区，将先析出 Fe_3C_{II}，其余的过冷奥氏体再转变为珠光体型组织。

综上，亚（过）共析钢过冷奥氏体的等温转变与共析钢相比，C 曲线左移，多一条过冷奥氏体向先共析铁素体或（或 Fe_3C_{II}）的转变开始线，且 M_s 和 M_f 线上（下）移。

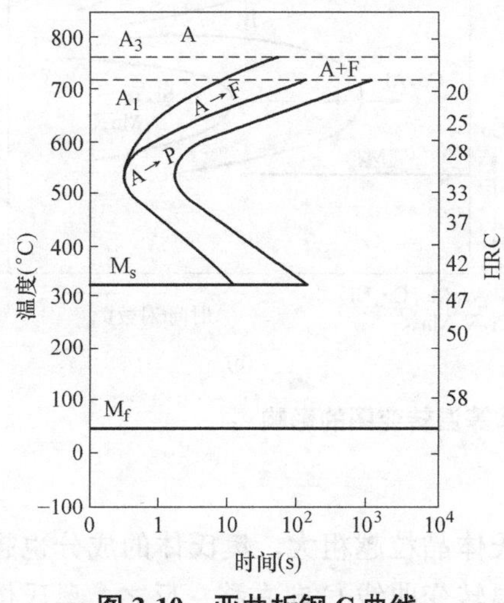

图 3-10　亚共析钢 C 曲线

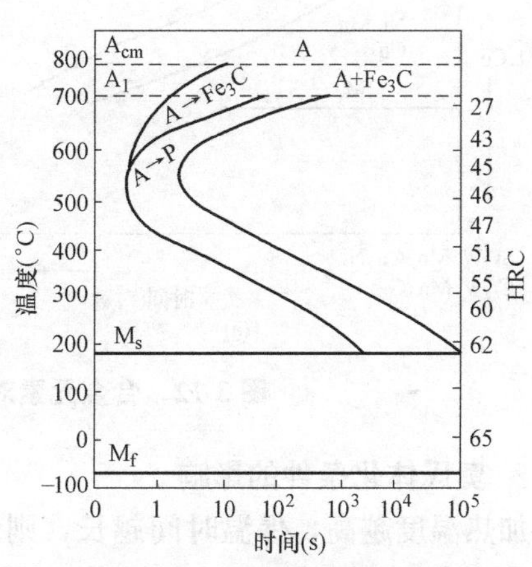

图 3-11　过共析钢 C 曲线

3.2.4　C 曲线的影响因素

各种钢的 C 曲线基本形状类似，却又不尽相同。不同之处主要在于临界点位置不同，珠光体和贝氏体转变的 C 曲线位置不同，以及马氏体开始转变温度不同。影响 C 曲线的形状和位置的主要因素是合金元素，其次还有加热温度、保温时间、晶粒大小、塑性变形等。

1. 合金元素的影响

合金元素是 C 曲线最重要的影响因素，如图 3-12 所示。

（1）碳含量：随着碳含量增加，亚共析钢的 C 曲线右移，过共析钢的 C 曲线左移。换而言之，碳钢成分越靠近共析点，C 曲线越靠右，而共析钢的过冷奥氏体是最稳定的。另外，随着奥氏体中碳含量的增加，M_s 和 M_f 均会下降。

（2）其他合金元素：除 Co 以外，几乎所有的合金元素都会不同程度的推迟珠光图相变，增加过冷奥氏体的稳定性，使得C曲线右移。这意味着在冷却过程中不容易得到珠光体和贝氏体，更容易得到马氏体。

Ni、Mn、Cu等元素为非碳化物形成元素，使得C曲线右移，但仍呈现出与碳钢类似的单一“鼻尖”的C曲线。而Cr、Mo、V等碳化物形成元素，除了使C曲线右移，还使得珠光体转变区移向高温，贝氏体转变区移向低温。当钢中这类元素含量较高时，将使C曲线彼此分离，形成双C曲线特征。

需要强调的是，合金元素对C曲线的产生影响，必须溶入奥氏体中，否则其影响将非常小。例如，在两相区加热，碳和其他合金元素并未完全溶入奥氏体中，这将使其与原成分合金的C曲线相悖。

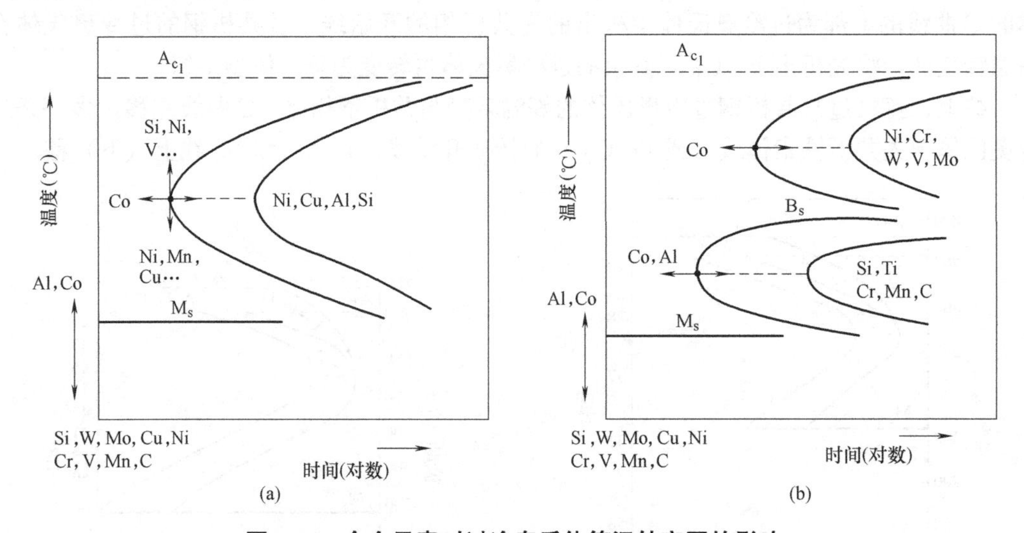

图3-12 合金元素对过冷奥氏体等温转变图的影响

2. 奥氏体化条件的影响

加热温度越高，保温时间越长，则形成的奥氏体晶粒越粗大，奥氏体的成分也越均匀，从而增加奥氏体的稳定性，使过冷奥氏体等温转变曲线C向右移。反之，奥氏体化温度越低，保温时间越短，则奥氏体晶粒越细，未溶第二相越多，奥氏体越不稳定，使过冷奥氏体等温转变C曲线向左移。由于贝氏体基体是以切变方式进行点阵重构的，相对而言，奥氏体晶粒尺寸对贝氏体转变影响不大。

3. 塑性变形的影响

对奥氏体进行塑性变形，可加速珠光体的转变。对贝氏体而言，表现为高温塑性变形对其有减缓作用，低温塑性变形对其有加速作用。

3.3 过冷奥氏体的连续冷却转变

TTT曲线揭示了过冷奥氏体的等温相变规律，但实际生产中较多情况下是连续冷却，例如钢正火、退火、淬火等热处理等都是从高温到低温连续冷却，即在一定冷却速度下，过冷奥氏体在一个温度范围内所发生的转变。过冷奥氏体的连续冷却转变与等温转变之间存在很大差异，因此需要建立过冷奥氏体连续冷却转变图，即CCT曲线，以指导工艺设计。

3.3.1　连续冷却转变图的测定

CCT 曲线的测定原理与 TTT 曲线基本相同，主要有端淬法、金相法、膨胀法、磁性法等。但是由于连续冷却过程中温度变化快、不易精确测量，难以维持恒定冷却速度，转变产物多为混合组织等因素，使得 CCT 曲线的测定难度较高。端淬法由于能够一次获得不同的冷却速度而在 CCT 曲线测定中应用较多。

端淬法是先在 ϕ25mm×100mm 的标准试样外圆上，每间隔一定的距离钻一个小孔，孔内布热电偶。试验时，先将试样奥氏体化，随后在炉中取出并在其末端喷水冷却。这样，沿着试样长度方向的各点，具有不同的冷却速度，并可以通过热电偶实时测量并记录降温曲线。随后再取一根未钻孔的标准试样，按照同样的工艺进行末端冷却一定时间后，迅速整体淬水。待完成之后，按照前一根标准试样的钻孔位置取样并进行金相观察。再取一组试样，分别经过不同端淬冷却时间后观察金相组织，由此可知试样各点在整个冷却过程中的组织转变情况，从而绘制出 CCT 曲线。

3.3.2　共析钢过冷奥氏体的连续冷却转变

1. 连续冷却转变曲线（CCT 曲线）

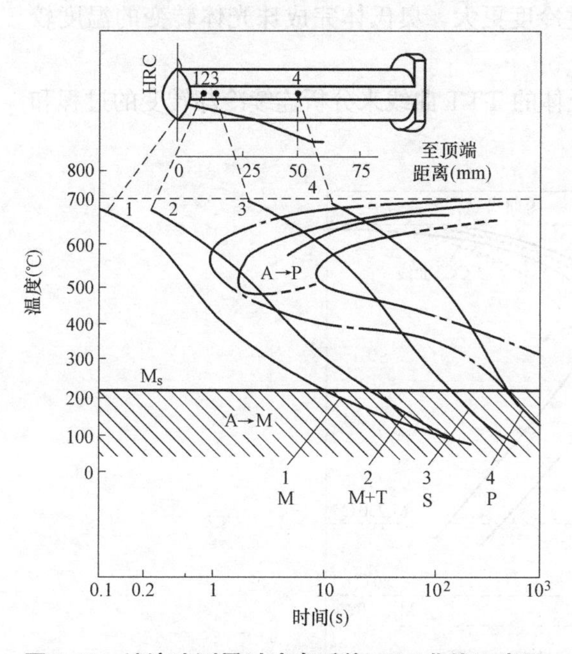

图 3-13　端淬法测量过冷奥氏体 CCT 曲线示意图

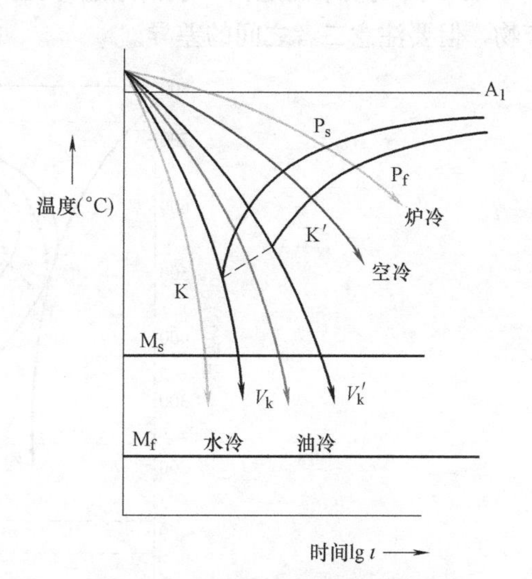

图 3-14　共析钢过冷奥氏体连续冷却转变曲线

图 3-14 中：

P_s——过冷奥氏体转变为珠光体型组织开始线；

P_f——过冷奥氏体转变为珠光体型组织终了线；

KK'——过冷奥氏体转变终止线；

V_k——上临界冷却速度，共析钢以大于该速度冷却时，由于遇不到珠光体转变线，

将继续冷却到 M_s 温度以下发生马氏体转变得到马氏体组织；

V_k'——下临界冷却速度，共析钢以小于该速度冷却时，得到全部P型组织。

（1）冷却过程及转变产物

1）炉冷（缓慢冷却）：过冷奥氏体→珠光体，转变温度较高，珠光体呈粗片状，硬度170～220HBW。

2）冷空（稍快冷却）：过冷奥氏体→索氏体，组织呈细片状，硬度25～35HRC。

3）油冷（快冷）：过冷奥氏体→屈氏体＋马氏体＋残余奥氏体，硬度45～55HRC，包括下面3种类型的转变：

① 过冷奥氏体→屈氏体（KK′线以上）；

② 过冷奥氏体→马氏体（M_s～M_f：马氏体转变）；

③ 过冷奥氏体→残余奥氏体（连续冷却转变后少量没有转变而保留到室温的过冷奥氏体）。

4）水冷（急冷）：过冷奥氏体→马氏体＋残余奥氏体。

（2）CCT曲线与TTT曲线的差异

如图3-15所示，共析钢过冷奥氏体连续冷却转变曲线中没有奥氏体转变为贝氏体的部分，在连续冷却转变时得不到贝氏体组织。与共析钢的TTT曲线相比，共析钢的CCT曲线稍靠右下移一点，表明连续冷却时，过冷度更大，奥氏体完成珠光体转变的温度较低，时间更长。

CCT曲线较难测定，一般借用过冷奥氏体的TTT曲线来分析连续冷却转变的过程和产物，但要注意二者之间的差异。

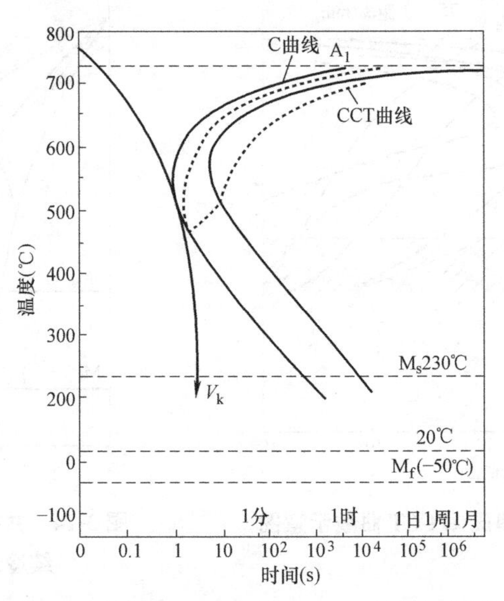

图3-15　共析钢CCT曲线与TTT曲线的区别

2. 马氏体转变（低温转变）

转变温度：M_s～M_f。

转变产物：板条马氏体或片状马氏体，如图3-16所示。低、中碳钢中形成的多是板条马氏体，高碳钢中形成的多是片状马氏。

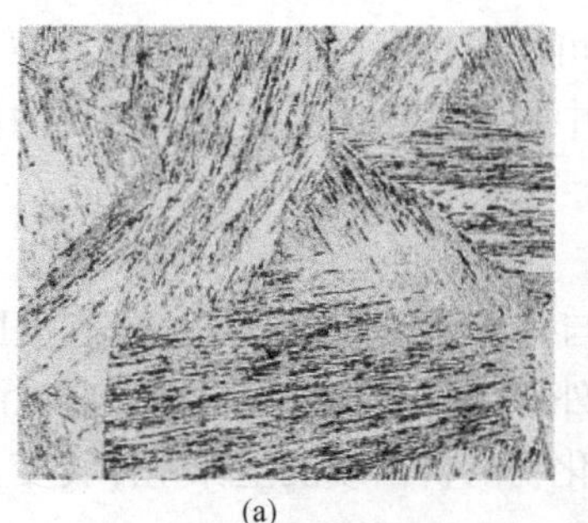

(a)

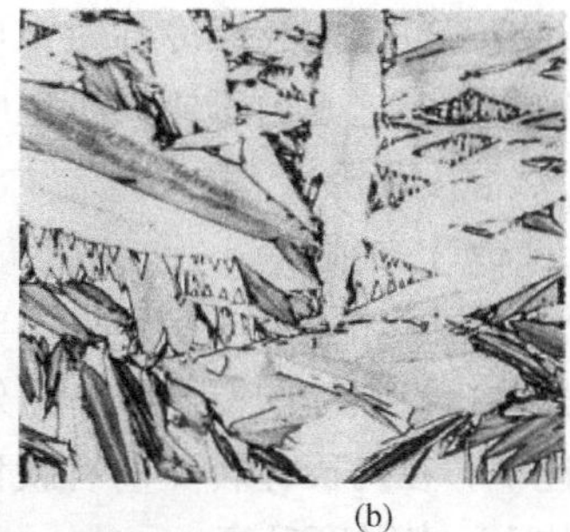

(b)

图 3-16　马氏体组织形貌

(a) 板条马氏体；(b) 片状马氏体

转变机制：马氏体转变温度低，原子几乎不具备扩散能力，点阵重构靠切变完成。马氏体是碳在 α-Fe 中形成的过饱和间隙固溶体，是典型的无扩散型相变。马氏体相变无孕育期，瞬时转变为马氏体。随着温度下降，过冷奥氏体不断转变为马氏体，如停止冷却，转变也终止，是一个连续冷却的转变过程。因此，马氏体转变经常伴随着残余奥氏体的出现。

转变产物的性能：高硬度、高强度，一般情况下脆性较大。其主要原因是含碳量越高，则碳固溶于 α-Fe 引起的晶格畸变量越大，从而使位错运动阻力增大，金属越难于滑移所致。含碳量越高，马氏体硬度越高。

3.3.3　其他类型的 CCT 曲线

1. 亚共析钢 CCT 曲线

如图 3-17 所示，亚共析钢过冷奥氏体在高温时有一部分将转变为铁素体，而共析钢没有先共析铁素体的出现。随着冷却速度的增大，铁素体析出量越来越少。亚共析钢的过

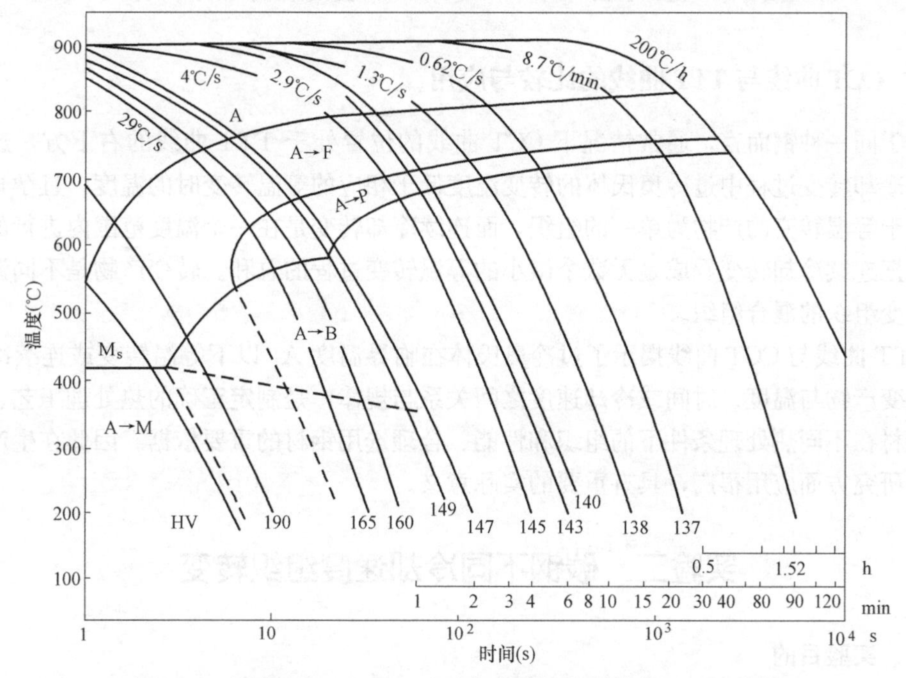

图 3-17　亚共析钢（ω_c=0.19%，900℃奥氏体化）CCT 曲线

冷奥氏体在一定的冷速范围内连续冷却时，可以形成贝氏体。在贝氏体转变区，出现 M_s 线右端向下倾斜的现象。这是由于亚共析钢中析出铁素体后，使未转变的奥氏体中的含碳量有所增加，M_s 点温度下降。

2. 过共析钢的 CCT 曲线

如图 3-18 所示，过共析钢的 CCT 曲线与共析钢较为相似，也没有贝氏体形成区，所不同的是有一条先共析渗碳体的析出线，另外 M_s 线右端向上倾斜。这是由于过共析钢奥氏体在较慢得冷速下，在马氏体转变前有碳化物的析出或发生珠光体转变，使得周围奥氏体含碳量降低，故 M_s 点温度升高。

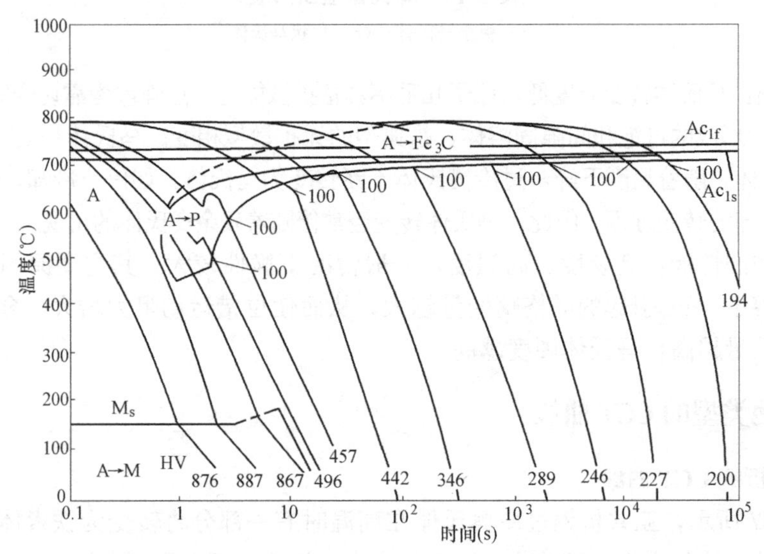

图 3-18　过共析钢（ω_c=1.03%，860℃奥氏体化）CCT 曲线

3.3.4　CCT 曲线与 TTT 曲线的比较与应用

对于同一种钢而言，通常情况下 CCT 曲线的位置处于 TTT 曲线的右下方，这说明在连续冷却转变过程中过冷奥氏体的转变温度低于相应的等温转变时的温度，且孕育期较长。由于等温转变的产物为单一的组织，而连续冷却转变是在一个温度范围内进行的，因此可以把连续冷却转变看成是无数个微小的等温转变过程的总和。转变产物是不同温度下等温转变组织的混合组织。

TTT 曲线与 CCT 曲线揭示了过冷奥氏体在临界温度 A_1 以下等温转变或连续冷却转变的转变产物与温度、时间或冷却速度之间关系与规律，是制定正确的热处理工艺、分析研究钢材在不同热处理条件下的组织和性能、合理选用钢材的重要依据。因此在生产实践和科学研究方面应用很广，具有重要的实际意义。

实验二　碳钢不同冷却速度组织转变

一、实验目的

1. 掌握热处理操作岗位的安全注意事项和设备操作规程；

2. 熟悉箱式电炉的工艺参数输入及操作；

3. 熟悉热处理加热和冷却的操作过程；

4. 理解碳钢不同速度冷却组织及性能的变化规律；

5. 掌握如何依据C曲线确定热处理冷却速度。

二、实验要求

学生在掌握钢的过冷奥氏体转变的相关知识的基础上，在规定时间内，完成实验操作过程；完成实验报告；完成讲评总结。

三、实验学时

4学时。

四、实验设备及材料

箱式电炉、水槽、布氏硬度计及标准试块、洛氏硬度计及标准试块，砂轮机、金相显微镜、金相砂纸、4%硝酸酒精、脱脂棉、镊子等，每组准备4或8个45号钢试块。

五、实验分组

老师组织学生分组，6～8人为一组。学生以小组为单位共同完成实验项目，但对于实验项目的内容和要求，每个同学都要求掌握。

六、实验内容和步骤

1. 实验内容

(1) 熟悉加热设备高温箱式炉的操作方法和注意事项；

(2) 将四组45号钢试样加热到840℃，保温20min后，分别进行水冷、油冷、空冷、炉冷；

(3) 测定硬度数值，注意进行硬度实验数据的记录，洛氏硬度最少记录4次数据；

(4) 完成金相试样制备及组织观察；

(5) 小组集体分析讨论数据的正确性，确定最终实验数据结果和实验结论。

2. 实验步骤

项目资讯	在了解项目任务及实训目的后，以小组为单位，讨论、分析、提问、查阅与钢的过冷奥氏体转变相关知识，以及硬度检测操作、安全、质量等相关知识。各岗位要清楚自己的职责、知识点和技能点
决策	小组成员可各自提出实验方案，在讨论的基础上，确定其实施方案
计划	编写实施方案(参数及内容涉及：使用设备及型号、工装、工具、质量检查项目、技术要求)；制定工作计划(包含工序步骤、小组分工)
实施	操作前准备工作，检查设备、工具、工装、硬度计和显微镜等；按照工作计划来进行操作，在加热设备上输入加热温度、保温时间等工艺参数；工件装炉，并按照工作计划和设备说明来进行操作
检查	检查所用钢的表面质量、是否开裂及变形；检测硬度并记录数值；完成金相制备及组织观察。留好样件做备查。检查设备、工装、工具、仪器等是否损坏、丢失；是否摆放到位；维护设备及清扫卫生
评价	参照情境学习考核标准及项目任务完成情况进行自我评价、小组互评，学生完成实训报告的填写。最后老师总评
其他	实训完毕，清理场地，检查整理工具、设备，是否遗落或损坏，如有遗失或损坏应向指导教师说明情况和原因，填写情况报告书

3. 实验结果

组别	水冷试样	油冷试样	空冷试样	炉冷试样
第一组				
第二组				
第三组				
第四组				

七、实验评价

以下为考核标准和考评内容。

考评项目	考评内容	成绩占比
专业能力	1. 掌握热处理操作岗位的安全注意事项和设备操作规程； 2. 熟悉箱式电炉的工艺参数输入及操作； 3. 熟悉热处理加热和冷却的操作过程； 4. 理解碳钢不同速度冷却组织及性能的变化规律； 5. 掌握如何依据C曲线确定热处理冷却速度	40%
方法能力	1. 能熟练运用专业知识；具备收集查阅处理信息能力； 2. 能正确制定工作计划和实施方案；工艺方案思路清晰正确； 3. 具备分析和解决问题的能力。善于记录总结项目过程数据等	30%
项目检查	1. 实验过程及结果正确，具备处理问题和采取措施的能力； 2. 实验报告完成质量好，善于进行项目总结。小组总结完成好； 3. 实验完成后，清理、归位、维护和卫生等善后工作到位	20%
社会能力	工作与职业素养、学习态度、责任心、团队合作精神、交流及表达能力、组织协调能力、质量意识、安全意识和环保意识。遵守教学管理制度情况、遵守安全操作规程情况；设备维护保养及爱护情况；是否有脱岗情况；回答问题情况；小组成员配合情况	10%
总评	合计分数	

思 考 题

1. 简述过冷奥氏体等温转变图和连续冷却转变图的测定原理及方法。

2. 钢中过冷奥氏体的转变产物有哪些？各自的名称、符号、形态和性能特点是什么？

3. 何为临界冷却速度？在生产中有何意义？

4. 用45钢加工成ϕ5mm和ϕ50mm的试样，经奥氏体化后在水中冷却，得到的组织和硬度相同吗？为什么？

5. 试简述过冷奥氏体等温转变图和连续冷却转变图在热处理中的作用。

第4章　珠光体转变及工艺

珠光体转变在热处理实践中极为重要，这是因为在钢的退火与正火时所发生的都是珠光体转变。退火与正火可以作为最终热处理，即工件经退火或正火后直接交付使用，因此在退火与正火时必须控制珠光体转变产物的形态（如片层的厚度、渗碳体的形态等），以保证退火与正火后所得到的组织具有所需要的强度、塑性与韧性等。退火与正火也可以作为预备热处理，即为最终热处理作好组织准备。另外，为使奥氏体能过冷到低温，转变为马氏体或贝氏体，必须要保证奥氏体在冷却过程中不发生珠光体转变。为了解决上述一系列问题，就必须对珠光体转变过程、转变机理、转变动力学、影响因素以及珠光体转变产物的性能等进行深入的研究。

4.1　珠光体转变

珠光体转变是过冷奥氏体在临界温度 A_1 以下比较高的温度范围内进行的转变，共析碳钢约在 A_1～550℃温度之间发生，又称高温转变。珠光体转变是单相奥氏体分解为铁素体和渗碳体两个新相的机械混合物的相变过程，因此珠光体转变必然发生碳的重新分布和铁的晶格改组。由于相变在较高的温度下进行，铁、碳原子都能进行扩散，所以珠光体转变是典型的扩散型相变。

4.1.1　珠光体的组织形态与晶体结构

1. 珠光体的组织形态

珠光体是过冷奥氏体在 A_1 以下的共析转变产物，是铁素体和渗碳体组成的机械混合物。根据渗碳体的形态不同，通常把珠光体分为片状珠光体和粒状（球状）珠光体，如图4-1所示。

（1）片状珠光体

片状珠光体是珠光体最典型的组织形态，是由一层铁素体和一层渗碳体交替紧密堆叠而成。

1）珠光体团

片层排列方向大致相同的区域，称为珠光体团或珠光体领域。在一个原奥氏体晶粒内可以形成几个珠光体团。

2）珠光体的片间距离

在片状珠光体中，一片铁素体和一片渗碳体的总厚度或相邻两片渗碳体或铁素体中心之间的距离，称为珠光体的片间距离，用 S_0 表示。

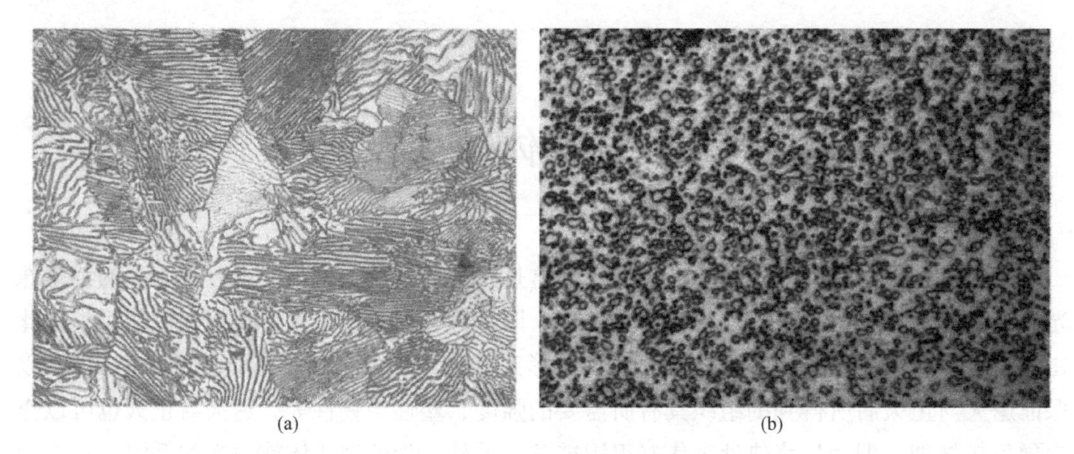

图 4-1　珠光体金相照片

(a) 片状珠光体 500×；(b) 粒状珠光体 1000×

S_0 与珠光体的形成温度有关，可用下面的经验公式表示：

$$S_0=\frac{C}{\Delta T} \tag{4-1}$$

式中　C——8.02×10^4（Å·K）；

ΔT——过冷度（K）。

珠光体片间距离 S_0 与转变温度或过冷度密切相关，随着转变温度的下降或过冷度的增加，S_0 减小。其原因可以用碳原子扩散与温度的关系、界面能与奥氏体与珠光体间的自由能之差来解释。形成温度降低，碳的扩散速度减慢，碳原子难以作较大距离的迁移，故只能形成片间距离较小的珠光体。珠光体形成时，由于新的铁素体和渗碳体的相界面的形成将使系统的界面能增加。片间距离越小，相界面面积越大，界面能越高，增加的界面能由奥氏体与珠光体的自由能之差来提供，过冷度越大，相变驱动力越大，能够提供的能量越多，允许增加的相界面也越多，同时形核率随着过冷度增加而增加，其片间距离必然减小。

在一定温度下，珠光体组织中每个珠光体团内的片间距不一定是恒定值，而是统计平均值。如果过冷奥氏体是在连续缓慢冷却过程中发生分解，即珠光体在一个温度范围内形成，那么在较高温度下形成的珠光体片间距较大，在较低温度下形成的珠光体片间距较小。

3）片状珠光体的分类

通常所说的珠光体是指在光学显微镜下能清楚分辨出片层状态的一类珠光体，而当片间距离小到一定程度后，光学显微镜就分辨不出片层的状态了。根据片间距离的大小，通常把珠光体分为普通珠光体、索氏体和屈氏体。

① 普通珠光体 P：S_0＝1500～4500Å，光学显微镜下能清晰分辨出片层结构，形成温度 A_1～650℃；

② 索氏体 S：S_0＝800～1500Å，光学显微镜下很难分辨出片层结构，形成温度 650～600℃；

③ 屈氏体 T：S_0＝300～800Å，光学显微镜下无法分辨片层结构，形成温度

600～550℃。

普通珠光体、索氏体、屈氏体都属于珠光体类型的组织，都是由铁素体和渗碳体组成的片层相间的机械混合物，只是片间距不同而已，其本质是相同的。但随着珠光体的片间距的减小，钢的硬度、强度将逐渐增加。

（2）粒状珠光体

渗碳体呈颗粒状，均匀地分布在铁素体基体上的组织，同样是铁素体与渗碳体的机械混合物，铁素体呈连续分布。粒状珠光体可在特定的奥氏体化工艺条件或特定冷却工艺条件下得到，一般经过球化退火处理获得。粒状渗碳体的大小、形态及分布是材料性能的重要影响因素。

2. 珠光体的晶体结构

虽然珠光体有多种形态，但是本质上都是铁素体与渗碳体的机械混合物。

通常珠光体均在奥氏体晶界上形核，然后向没有特定取向关系一侧的奥氏体晶粒内长大成珠光体团，两者之间为非共格界面，但与另一侧的不易长入的奥氏体晶粒之间则形成不易动的共格界面，并保持一定的晶体学位向关系。在一个珠光体团中的铁素体与渗碳体之间存在着一定的晶体学位向关系，这样形成的相界面，具有较低的界面能，同时这种界面可有较高的扩散速度，以利于珠光体团的长大。

4.1.2 珠光体形成机制

1. 珠光体形成的热力学条件

珠光体相变的驱动力同样来自于新旧两相的体积自由能之差，相变的热力学条件是“要在一定的过冷度下相变才能进行”。

奥氏体过冷到 A_1 以下，将发生珠光体转变。发生这种转变，需要一定的过冷度，以提供相变驱动力。由于珠光体转变温度较高，Fe 和 C 原子都能扩散较大距离，珠光体又是在位错等微观缺陷较多的晶界成核，相变需要的自由能较小，所以在较小的过冷度下就可以发生相变。

2. 片状珠光体的形成机制

（1）珠光体相变的领先相

珠光体相变符合一般的相变规律，也是一个形核及长大过程。共析钢发生珠光体转变时，共析成分的奥氏体转变为铁素体和渗碳体双相组织，其过程主要包括点阵重构及碳元素的重新分布。由于珠光体是由两个相组成，因此成核有领先相问题。晶核究竟是铁素体还是渗碳体？学术界关于这个问题存在争议。但一般认为，领先相洗出与钢的化学成分、奥氏体化条件及珠光体转变条件有关。在亚共析钢中铁素体是领先相，在过共析钢中渗碳体是领先相。过冷度小时，渗碳体是领先相；过冷度大时，铁素体是领先相。一般认为共析钢中珠光体形成时的领先相是渗碳体，其原因如下：

1）珠光体中的渗碳体与从奥氏体中析出的先共析渗碳体的晶体位向相同，而珠光体中的铁素体与直接从奥氏体中析出的先共析铁素体的晶体位向不同；

2）珠光体中的渗碳体与共析转变前产生的渗碳体在组织上常常是连续的，而珠光体中的铁素体与共析转变前产生的铁素体在组织上常常是不连续的；

3）奥氏体中未溶解的渗碳体有促进珠光体形成的作用，而先共析铁素体的存在，对珠光体的形成则无明显的影响。

(2) 珠光体的形成机理

相组成	γ	→	α	+	Fe_3C
碳的质量分数	0.77%		0.0218%		6.69%
点阵结构	面心立方		体心立方		复杂单斜

从上面的反应方程，可以看出，珠光体的形成过程，包含着两个同时进行的过程，一个是碳的扩散，以生成高碳的渗碳体和低碳的铁素体；另一个是晶体点阵的重构，由面心立方的奥氏体转变为体心立方点阵的铁素体和复杂单斜点阵的渗碳体。

1) 形核

条件：需要满足形核所需的“结构起伏、成分起伏和能量起伏”。

位置：晶核多半产生在奥氏体的晶界上（晶界的交叉点更有利于珠光体晶核形成），或其他晶体缺陷（如位错）比较密集的区域。这是由于在这些部位有利于产生能量、成分和结构起伏，晶核就在这些高能量、接近渗碳体的含碳量和类似渗碳体晶体点阵的区域产生。但是，当奥氏体中碳浓度很不均匀或者有较多未溶解的渗碳体存在时，珠光体的晶核也可以在奥氏体晶粒内出现。

形状：片状形核。首先在奥氏体晶界上形成一小片渗碳体，这就可以看成是珠光体转变的晶核。片状形核的原因是：新相产生时引起的应变能较小；片状伸展时获得碳原子的面积增大；片状形核时碳原子的扩散距离相对缩短。

2) 长大

图 4-2 是片状珠光体形成过程示意图。由于能量、成分和结构的起伏，首先在奥氏体晶界上产生了一小片渗碳体（晶核）。这种片状珠光体晶核，按非共格扩散方式不仅向纵的方向长大，而且也向横的方向长大。渗碳体横向长大时，吸收了两侧的碳原子，而使其两侧的奥氏体含碳量降低，当碳含量降低到足以形成铁素体时，就在渗碳体片两侧出现铁素体片。新生成的铁素体片，除了伴随渗碳体片向纵向长大外，也向横向长大。铁素体横向长大时，必然要向两侧的奥氏体中排出多余的碳，因而增高侧面奥氏体的碳浓度，这就促进了另一片渗碳体的形成，出现了新的渗碳体片。如此连续进行下去，就形成了许多铁

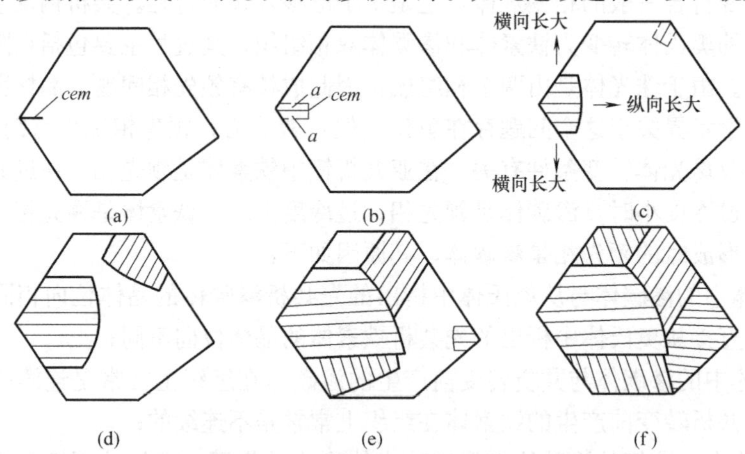

图 4-2　片状珠光体形成过程示意图

素体-渗碳体相间的片层。珠光体的横向长大，主要是靠铁素体和渗碳体片不断增多实现的。与此同时，这时在晶界的其他部分有可能产生新的晶核（渗碳体小片）。当奥氏体中已经形成了片层相间的铁素体与渗碳体的集团，继续长大时，在长大着的珠光体与奥氏体的相界上，也有可能产生新的具有另一长大方向的渗碳体晶核，这时在原始奥氏体中，各种不同取向的珠光体不断长大，而在奥氏体晶界上和珠光体-奥氏体相界上，又不断产生新的晶核，并不断长大，直到长大着的各个珠光体晶群相互接触，奥氏体全部转变为珠光体时，珠光体形成即告结束。

由上述珠光体形成过程可知，珠光体形成时，纵向长大是渗碳体片和铁素体片同时连续向奥氏体中延伸；而横向长大是渗碳体片与铁素体片交替堆叠增多。

（3）珠光体转变时碳的扩散规律

当珠光体刚刚出现是时，在三相共存的情况下，过冷奥氏体的碳浓度是不均匀的，碳浓度分布情况可由 $Fe\text{-}Fe_3C$ 相图得到，即与铁素体相接的奥氏体碳浓度 $C_{\gamma-\alpha}$ 较高，与渗碳体接触处的奥氏体的碳浓度 $C_{\gamma-cem}$ 较低。因此在奥氏体中就产生了碳浓度差，从而引起了碳的扩散，其扩散示意图如图 4-3 所示。

碳原子的扩散包含奥氏体中的碳扩散及相界面的碳扩散两类。由于 $C_{\gamma-\alpha} > C_{\gamma-cem}$，奥氏体内部存在浓度梯度，奥氏体内碳原子将由高浓度的铁素体临近区向低浓度的渗碳体临近区扩散。由于碳的扩散破坏了该温度下 γ/α 和 γ/Fe_3C 界面碳浓度的平衡，为了维持这一平衡，γ/α 相界面向奥氏体一侧推移，使界面处奥氏体碳含量升高；γ/Fe_3C 相界面向奥氏体一侧推移，导致界面处奥氏体碳含量下降。

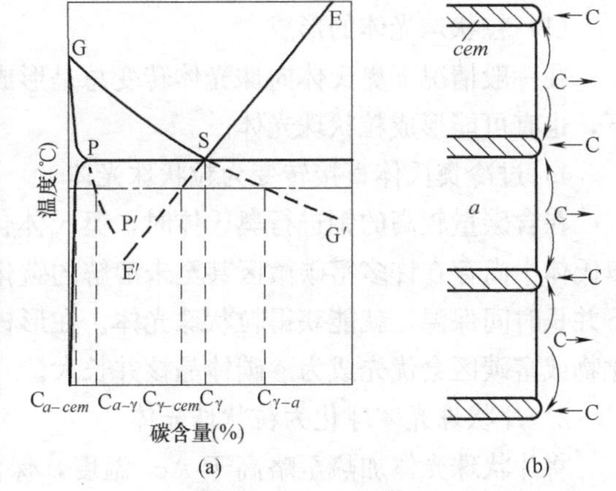

图 4-3　片状珠光体形成时碳的扩散示意图

过冷奥氏体转变为珠光体时，晶体点阵的重构过程，即由单一的面心立方结构转变为体心立方和复杂斜方结构，还包含了部分铁原子的自扩散过程。

（4）珠光体转变的分枝机制

仔细观察珠光体组织形态发现，珠光体中的渗碳体，有些以产生枝杈的形式长大。渗碳体形核后，在向前长大过程中，不断形成分枝，而铁素体则协调在渗碳体分枝之间不断地形成。这样就形成了渗碳体与铁素体机械混合的片状珠光体。这种珠光体形成的分枝机制可能解释珠光体转变中的一些反常现象。

（5）离异共析

正常的片状珠光体形成时，铁素体与渗碳体是交替配合长大的。在某些不正常情况下，片状珠光体形成时，铁素体与渗碳体不一定交替配合长大，而出现一些特异的现象。可以是在部分形成粗大珠光体后，再在较低温度下于已形成的粗大珠光体的渗碳体上，从未转变的过冷奥氏体生出分枝渗碳体并向奥氏体中延伸，在分枝的端部长成层片间距较小的珠光体小球；或者在长出的渗碳体分枝两侧，没有铁素体配合成核，而成为一片渗碳体片。

图 4-4 是由于过共析钢不配合成核而生成的几种反常组织。图中 4-4（a）表示在奥氏

体晶界上形成的渗碳体一侧长出一层铁素体，但此后却不再配合成核长大。图中 4-4（b）表示从晶界上形成的渗碳体中，长出一个分枝伸入晶粒内部，但无铁素体与之配合成核，因此形成一条孤立的渗碳体片。图中 4-4（c）表示由晶界长出的渗碳体片，伸向晶粒内后形成了一个珠光体团。其中图 4-4（a）和图 4-4（b）为离异共析组织。

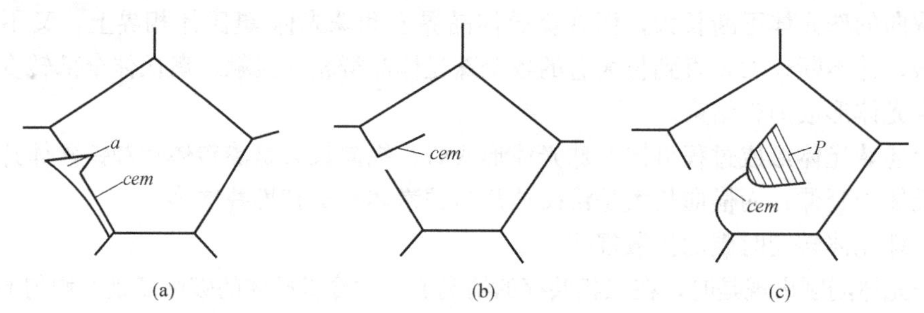

图 4-4　过共析成分的钢中出现的几种不正常组织

3. 粒状珠光体形成机制

（1）粒状珠光体的形成

在一般情况下奥氏体向珠光体转变总是形成片状，但是在特定的奥氏体化和冷却条件下，也有可能形成粒状珠光体。

1）过冷奥氏体直接转变为粒状珠光体

在含碳量较高的钢进行奥氏体时，奥氏体化温度低，保温时间短，奥氏体化不充分，奥氏体中尚存在许多富碳微区甚至未溶解的碳化物颗粒。当缓慢冷却到稍低于 A_{r1} 温度以下并长时间保温，就能获得粒状珠光体。在形核过程中，过冷奥氏体晶粒内部的未溶解碳化物或富碳区会优先成为渗碳体晶核并长大。

2）片状珠光体球化为粒状珠光体

将片状珠光体加热至略高于 Ac_1 温度，保温一定时间，片状珠光体能够自发转变为粒状珠光体。这是由于片状珠光体具有较高的表面能，转变为粒状珠光体后，系统的能量降低，是个自发的过程。

（2）渗碳体的球化机理

粒状珠光体中的粒状渗碳体，通常是通过渗碳体球状化获得的。根据胶态平衡理论，第二相颗粒的溶解度，与其曲率半径有关。曲率半径越小，溶解度越大。与渗碳体尖角接触的奥氏体有较高的碳浓度，而与渗碳体平面接触的奥氏体则具有较低的碳浓度。由于奥氏体的内部存在碳浓度差，从而导致碳的扩散。扩散的结果破坏了相界面处的碳浓度平衡，为了维持这一平衡，渗碳体尖角处溶解将使其曲率半径增大，渗碳体平面处将析出渗碳体，使其曲率半径减小。这一过程的持续发生，直至各处曲率半径相近，形成球状渗碳体。

（3）片状渗碳体的球化过程

片状渗碳体的球化过程与渗碳体内部位错、亚晶界等缺陷有关。在界面张力作用下，铁素体与渗碳体接触界面会出现凹坑，如图 4-5 所示。在凹坑两侧的渗碳体与平面部分的渗碳体相比，具有较小的曲率半径。因此，与坑壁接触的固溶体具有较高的溶解度，将引起碳在固溶体中的扩散，并以渗碳体的形式在附近平面渗碳体上析出。为了保持平衡，凹坑两侧的渗碳体尖角将逐渐被溶解，而使曲率半径增大。这样又破坏了此处相界面表面张力的平衡。为了保持表面张力的平衡，凹坑将因渗碳体继续溶解而加深。在渗碳体片亚晶界的另一面也发生上述溶解析出过程，如此不断进行直到渗碳体片溶穿，一片成为两截。渗碳体在溶穿过程中和溶穿之后，又按尖角溶解、平面析出长大而向球状化转化。同理，这种片状渗碳体断裂现象，在渗碳体中位错密度高的区域也会发生。

因此，在 Ac_1 温度以下，片状渗碳体的球化过程，是通过渗碳体的断裂、碳的扩散进行的，其过程示意如图 4-6 所示。

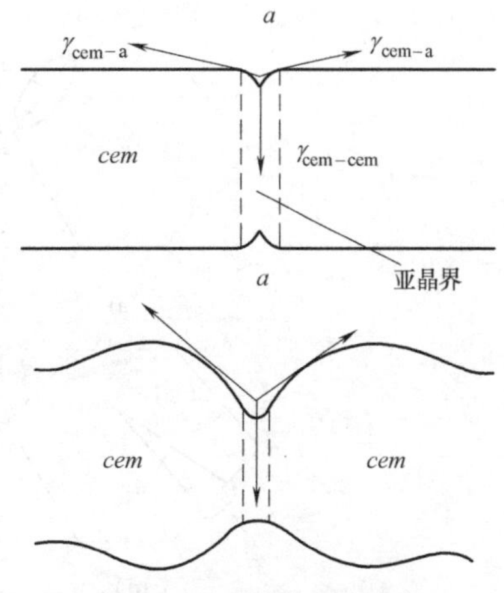

图 4-5　片状渗碳体破断球化机理示意图

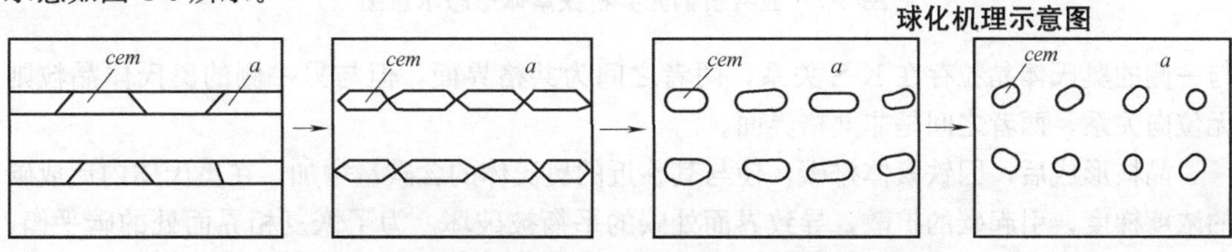

图 4-6　片状渗碳体在 Ac_1 以下破断、球化过程示意图

4.1.3　亚（过）共析钢的转变

亚（过）共析钢中的珠光体转变情况，基本上与共析钢相似，但要考虑先共析相的析出。亚共析钢的先共析相为铁素体，过共析钢的先共析相为渗碳体。如果冷却速度较快，亚（过）共析钢还会发生伪共析转变。

1. 伪共析转变

非共析成分的奥氏体被过冷到伪共析区后，可以不析出先共析相，而直接分解为铁素体和渗碳体的机械混合物，其分解机制和分解产物的组织特征与珠光体转变的完全相同，但其中的铁素体和渗碳体的量则与珠光体的不同，随奥氏体的 W(C) 而变，W(C) 增加，渗碳体量越多，这一转变被称为伪共析转变。转变产物被称为伪共析组织，一般仍称为珠光体。

2. 亚共析钢中先共析铁素体的析出

(1) 先共析铁素体的形态

亚共析钢奥氏体化后，冷却至奥氏体和铁素体两相时，将有先共析铁素体析出。析出量取决于奥氏体中碳含量和析出温度。奥氏体的含碳量高，析出先共析铁素体量越少。先共析铁素体具有三种不同的形态：网状、块状（或称等轴状）和片状（有时也称针状），如图 4-7（a）、（b）是块状铁素体，图 4-7（c）为网状铁素体，这三种是由铁素体晶核的非共格长大形成的。图 4-7（d）～（f）表示铁素体长大时与奥氏体有共格关系，形成的是片状铁素体。

(2) 先共析铁素体的形成

先共析铁素体的析出也是一个形核及长大过程，晶核大都在奥氏体晶界上形成。晶核

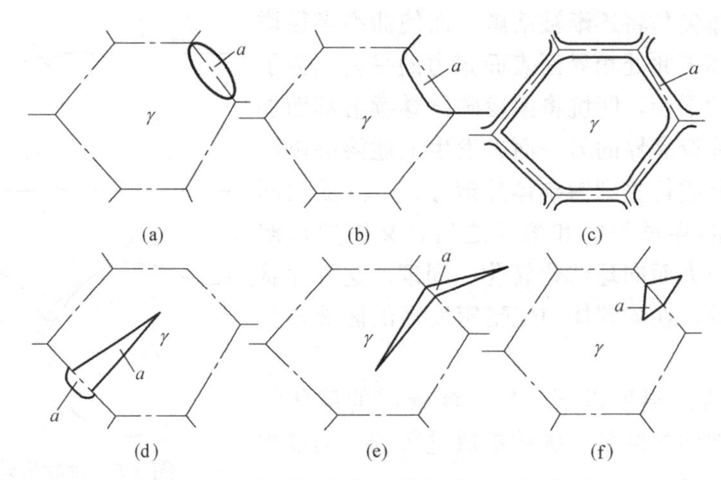

图 4-7 亚共析钢先共析铁素体形态示意图

与一侧的奥氏体晶粒存在 K-S 关系，两者之间为共格界面，但与另一侧的奥氏体晶粒则无位向关系，两者之间是非共格界面。

晶核形成后，因铁素体排碳，使与其临近的奥氏体的含碳量增加，在奥氏体内形成碳的浓度梯度，引起碳的扩散，导致界面处碳的平衡被破坏。为了恢复相界面处的碳平衡，必须从奥氏体中继续析出低碳的铁素体，即先共析铁素体与奥氏体的相界面向着奥氏体一侧迁移，使铁素体晶核不断长大。

(3) 先共析铁素体的长大方式

当转变温度较高时：Fe 原子活动能力较强，非共格界面迁移比较容易，故铁素体向无位向关系一侧的奥氏体晶粒长大成球冠状，如果奥氏体的碳含量较高时，铁素体将连成网状；而当奥氏体的碳含量较低时，铁素体将形成块状。另外，如果奥氏体晶粒较大，冷却速度较快，先共析铁素体可能沿奥氏体晶界呈网状析出。

当转变温度较低时：Fe 原子扩散困难，非共格界面不易迁移，而共格界面迁移则成为主要的，铁素体将通过共格界面向与其有位向关系的奥氏体晶粒内长大。为了减小弹性畸变能，铁素体将呈条片状沿奥氏体某一晶面向晶粒内伸展，此晶面为 $\{111\}_A$ 面。另外，如果奥氏体成分均匀，晶粒粗大，冷却速度又比较适中，先共析铁素体有可能呈片状析出。

3. 先共析渗碳体的形成

过共析钢加热到 A_{cm} 温度以上，经保温获得均匀奥氏体后，再在 A_{cm} 点以下 GS 延长线以上等温保持或缓慢冷却时，将从奥氏体中析出先共析渗碳体。析出量取决于奥氏体中的碳含量和析出温度或冷却速度。碳的质量分数越低，析出温度越低或冷速越快，先共析渗碳体的量就越少。先共析渗碳体的形态，可以是粒状、网状和针（片）状。

如果过共析钢奥氏体化温度过高，冷速过慢，即奥氏体成分均匀且晶粒粗大，此时先共析渗碳体一般呈现网状或针片状，这将显著增大钢的脆性。因此，过共析钢退火加热温度必须在 Ac_{cm} 以下，以免形成网状渗碳体。如果已经形成了网状渗碳体，应该将其加热到 Ac_{cm} 以上，重新奥氏体化，将渗碳体充分溶入奥氏体中，然后用较快的速度冷却（空冷正火），使先共析渗碳体来不及析出，形成伪共析组织。

4. 魏氏组织

魏氏组织是固溶体发生分解时，沿着母相特定晶面析出的一种针片状组织，是由奥地利矿物学家 A. J. Widmannstatten 于 1808 年在铁镍陨石中发现而命名的。工业上将具有先共析针片状铁素体或针片状渗碳体加珠光体的组织，都称为魏氏体组织。前者称为铁素体魏氏组织，后者称为渗碳体魏氏组织，如图 4-8 所示。

(a)

(b)

图 4-8　魏氏组织

(a) 铁素体魏氏组织；(b) 渗碳体魏氏组织

对于从奥氏体中直接析出的针片状铁素体成为一次魏氏组织铁素体。对于从原奥氏体晶界上首先析出网状铁素体，再从网状铁素体上长出的针片状铁素体称为二次魏氏组织铁素体。

在实际生产中，铸造、热轧后空冷或者砂冷，焊缝或热影响区空冷，或热处理温度过高并以一定速度冷却时，都会形成魏氏体。魏氏组织以及经常与其伴生的粗大组织，会使钢的力学性能恶化，尤其是塑性和冲击韧性显著降低。当钢的奥氏体晶粒较小，存在少量魏氏组织铁素体时，对钢的力学性能影响不大，这种情况不影响钢件使用。只有当奥氏体晶粒粗大，出现粗大魏氏组织铁素体且切割基体严重时，才使得钢的强度、韧性显著下降。这种情况下，常用正火、退火及锻造等手段细化晶粒，消除魏氏组织。

4.1.4　珠光体转变动力学

根据珠光体形成机制可以知道，珠光体是通过形核和长大进行的，转变速率主要取决于形核率和长大速率。影响珠光体转变动力学的主要因素有：时间、温度、奥氏体晶粒度、钢的化学成分、奥氏体均匀化、奥氏体的应力状态等。在等温条件下的珠光体转变动力学具有以下特点：

1）转变开始之前有一个孕育期；

2）温度一定时，转变速度随着时间延长有一个极大值；

3）随温度降低，转变孕育期有一个极小值，在此温度下，转变最快；

4）合金元素影响显著。

1. 珠光体转变的形核率 *N* 及长大速度 *G*

(1) 形核率 N 及长大速度 G 与转变温度的关系

过冷奥氏体转变为珠光体的动力学参数 N 和 G 与转变温度之间都具有极大值。由图

4-9 看出，随着过冷度增大，形核率和长大速率先增大后减小，在 550～600℃之间出现最大值。

产生上述特征的原因是：随着转变温度降低过冷度增大，奥氏体与珠光体的自由能差增大，即相变驱动力增大。但随着过冷度的增大，原子活动能力减小，因而，又有使成核率减小的倾向。N 与转变温度的关系曲线具有极大值的变化趋向就是这种综合作用的结果。

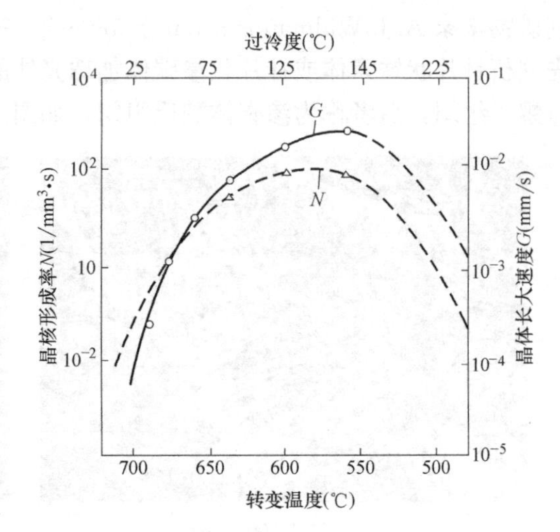

图 4-9　共析钢（0.78%C、0.63%Mn）的形核率（*N*）和长大速度（*G*）与转变温度的关系

由于珠光体转变是典型的扩散性相变，所以珠光体的形成过程与原子的扩散过程密切相关。当转变温度降低时，由于原子扩散速度减慢，因而有使晶体长大速度减慢的倾向，但是，转变温度的降低，将使靠近珠光体的奥氏体中的碳浓度差增大，亦即 $C_{\gamma\text{-}cem}$ 与 $C_{\gamma\text{-}a}$ 差值增大，这就增大了碳的扩散速度，而有促进晶体长大速度的作用。

从热力学条件来分析，由于能量的原因，随着转变温度降低，有利于形成薄片状珠光体组织。当浓度差相同时，层间距离越小，碳原子运动距离越短，因而有增大珠光体长大速度的作用。综合上述因素的影响，长大速度与转变温度的关系曲线也具有极大值的特征。

(2) 形核率 N 和长大速度 G 与转变时间的关系

研究表明等温保持时间对珠光体的长大速度无明显的影响。

当转变温度一定时，珠光体转变的形核与等温温度有一定的关系，随着转变时间的延长，形核逐渐增加，适合珠光体形核的位置越来越少，因此当达到一定程度后就急剧下降。如图 4-10 所示。

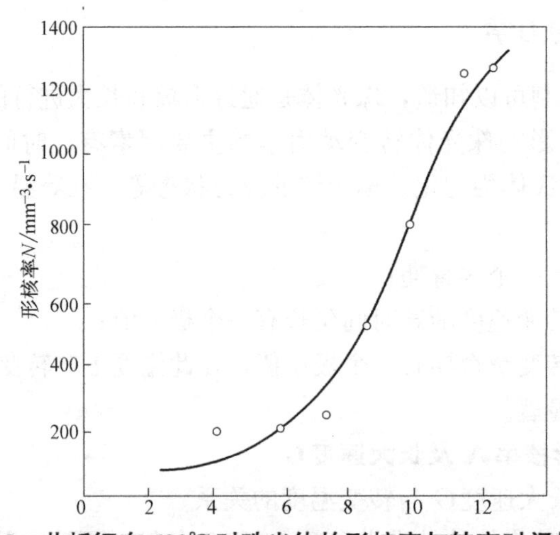

图 4-10　共析钢在 680℃时珠光体的形核率与转变时间的关系

2. 影响珠光体转变动力学的因素

珠光体转变是典型的扩散型相变，是依靠形核率和晶体长大的转变。因此，凡是影响珠光体成核率和晶体长大速度的因素，都是影响珠光体转变动力学的因素。影响珠光体转变动力学的因素，概括起来可以分为两类：一类是钢本身内在的因素，如化学成分、组织结构状态等；另一类是外界施加因素，如加热温度、保温时间等。

（1）影响珠光体转变的原因

1）碳含量的影响

一般认为，在亚共析钢中，随着钢中碳含量增高，过冷奥氏体在珠光体转变区的先共析铁素体析出的孕育期增长，析出速度减慢，珠光体形成的孕育期随之增长，形成速度也随之而减慢，C 曲线右移。这是由于在相同的条件下，随着亚共析钢中碳含量的增加，获得铁素体晶核的概率减少，铁素体长大时所需扩散离去的碳量增大，因而使铁素体析出速度减慢。一般认为，由于铁素体的析出，使奥氏体中与铁素体交接处的碳浓度增高，为珠光体的成核与长大提供了有利条件，而且在亚共析钢中铁素体也可作为珠光体的领先相，所以先共析铁素体的析出促进了珠光体的形成。因此，当亚共析钢中先共析铁素体孕育期增长且析出速度减慢时，珠光体的形成速度也随之而减慢。

过共析钢，当加热温度在 A_{cm} 以上使钢完全奥氏体化的情况下，过共析钢中碳含量越高，提供渗碳体晶核的概率越大，碳在奥氏体中的扩散系数增大，则先共析渗碳体析出的孕育期缩短，析出速度增大。珠光体形成的孕育期随之缩短，形成速度随之而增大。当钢中的碳含量高于 1%时，这种影响更为明显。如果加热温度在 $Ac_1 \sim A_{cm}$ 之间，加热后所获得的组织是不均匀的奥氏体加残留渗碳体。这种组织状态，具有促进珠光体的晶核形成和晶体长大的作用，使珠光体形成的孕育期缩短，转变速度加快。因此，对于相同碳含量的过共析钢，不完全奥氏体化常常比完全奥氏体容易发生珠光体转变。

高碳工具钢制件淬火，应该注意珠光体形成的孕育期很短、转变速度很快这一特性。基于此因，对于高浓度渗碳、碳氮共渗钢件淬火，表层容易出现屈氏体。

2）合金元素的影响

合金钢中的珠光体转变，与碳素钢中的情况相似。因此，研究合金钢中的珠光体转变，实质上就是讨论合金元素对珠光体转变的影响。

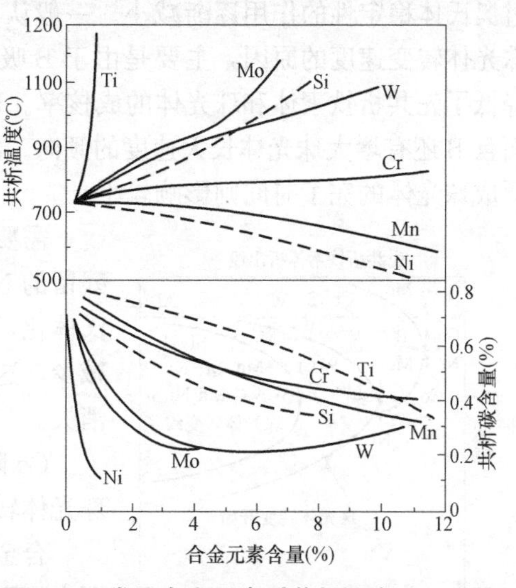

图 4-11　常见合金元素对共析温度（A_1）及共析点（S）碳量的影响

① 合金元素对珠光体转变影响的规律

合金元素对共析温度（A_1）和共析点（S）的影响如图 4-11 所示。可以看出，除 Ni、Mn 降低了 A_1 温度之外，其他常用合金元素都提高了 A_1 温度。几乎所有合金元素皆使共析点 S 左移，即钢的共析碳浓度降低。

合金元素的加入，改变了共析温度，如果转变温度相同，则过冷度就不同。因此，不同的合金钢，在相同的温度下形成珠光体的层间距离是不同的。

各类钢中合金元素对珠光体形成的影响，大致可以归纳如下：

Mo 显著地增大了过冷奥氏体在珠光体转变区的稳定性，即增长了相变孕育期、减慢了转变速度。Mo 特别显著地增大在 580～600℃温度范围内的过冷奥氏体的稳定性。在共析钢中加入 0.8%Mo，可以使过冷奥氏体分解完成时间增长 28000 倍。

在含 Mo 的共析钢中，Mo 含量小 0.5%时，形成的碳化物是渗碳体型的，而含量大于 0.5%时，形成的碳化物是特殊碳化物 $M_{23}C_6$ 类型。由于这种碳化物要共析钢中加热时很难完全溶解，在这种情况下，Mo 对珠光体形成时减小长大速度的作用反而减小。为了提高过冷奥氏体的稳定性，钢的 Mo 含量一般应低于 0.5%。

W 的影响与 Mo 相似，当含量按重量百分率计算时，其影响程度约为 Mo 的一半。

Cr 的影响表现在比较强烈地增大过冷奥氏体在 600～650℃温度范围内的稳定性。

Ni、Mn 都有比较明显提高过冷奥氏体在珠光体转变区稳定的作用。

Si 对过冷奥氏体转变为珠光体的速度影响较小，稍有增大过冷奥氏体稳定性的作用。Al 对珠光体转变的影响很小。

V、Ti、Zr、Nb、Ta 等在钢中形成难溶的碳化物。如果，这些元素在加热时能够溶入奥氏体中，则增大过冷奥氏体的稳定性。但是，即使加热到很高温度，这类碳化物仍然几乎不能完全溶入奥氏体中。因此，当钢中加入强烈形成碳化物元素，奥氏体化温度又不很高时，不仅不能增大甚至会降低过冷奥氏体的稳定性

微量的 B（0.0010%～0.0035%），就可以显著降低亚共析钢过冷奥氏体在珠光体转变区析出铁素体的速度，对珠光体的形成也有抑制作用。随着钢中碳含量的增高，B 增大过奥氏体稳定性的作用逐渐减小。一般认为，钢加入微量的 B 能够降低先共析铁素体和珠光体转变速度的原因，主要是由于 B 吸附在奥氏体晶界上，降低了晶界的能量，从而降低了先共析铁素体和珠光体的成核率。B 对先共析铁素体长大速度并不发生明显影响，而且 B 还有增大珠光体长大速度的倾向。因此，B 能延迟过冷奥体分解的开始时间，但对形成珠光体的完了时间则影响较小。

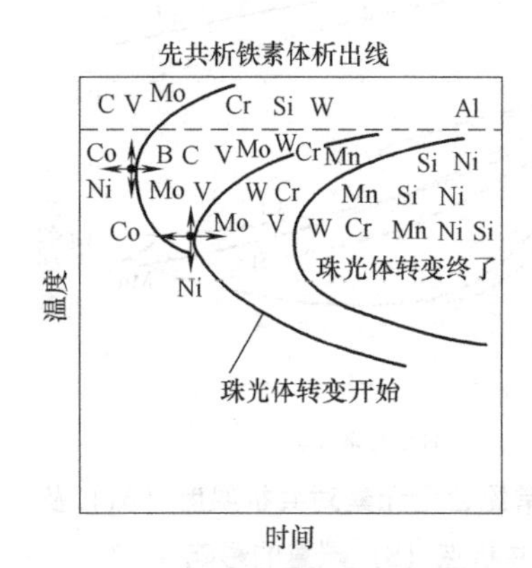

图 4-12　钢中的合金元素对珠光体转变动力学的影响示意图

需要注意的是，如果活泼的 B 元素与钢中的 Fe 或残留的 N、O，化合成稳定的夹杂物，或者由于高温奥氏体化，使 B 向奥氏体晶粒内扩散，而使晶界的有效 B 减少，这样都使 B 对延缓奥氏体分解的作用减弱甚至消失。

Co 降低过冷奥氏体在珠光体转变区的稳定性，缩短珠光体转变的孕育期，加速珠光体的转变。

合金元素对珠光体转变的影响可用图 4-12 表示，从图中可以看出，当合金元素充分溶入奥氏体中的情况下，除 Co 以外，所有常用合金元素皆使珠光体的“鼻尖”右移，先共析铁素体的“鼻尖”右移。除 Ni 以外，所有的常用合金元素皆使这两个“鼻尖”移向高温区。

② 合金元素对珠光体转变产生影响的原因

合金元素对珠光体转变所产生影响的原因比较复杂，一般认为合金元素从以下几个方面影响珠光体转变速度：

A. 珠光体转变伴随着碳原子的重新分配，合金元素的加入改变了碳在奥氏体中的扩散速度。除了Co以外，所有合金元素都提高了碳在奥氏体中的扩散激活能，降低了碳的扩散速度，使珠光体转变速度减慢。

B. 合金元素影响点阵重构。绝大部分合金元素使得点阵重构受阻，只有Co提高了$\gamma \rightarrow \alpha$的转变速度。

C. 合金元素的自扩散或在分配。与碳原子一样，合金元素也需要扩散和再分配。但是其扩散系数为碳在奥氏体中扩散系数的1/10000～1/1000，因而这一过程往往需要更长时间，尤其是碳化物形成元素。

D. 合金元素改变了相变临界点。相同转变温度下，临界点的变化意味着相变驱动力的变化。Ni和Mn降低了A_1点，即减小了过冷度；Co提高了A_1点，增加了过冷度。

3）奥氏体晶粒度的影响

奥氏体晶粒越细小，单位体积内晶界面积增大，越有利于珠光体成核的部位增多，将促进珠光体形成。同理，细小的奥氏体晶粒，也将促进先共析铁素体和渗碳体的析出。

（2）影响珠光体转变的外因

1）加热温度和保温时间的影响

钢的加热温度和保温时间，直接影响钢的奥氏体化情况和晶粒大小。提高加热温度或延长保温时间，促进渗碳体的进一步溶解和奥氏体的均匀化，同时也会使奥氏体晶粒长大，因此减小了珠光体转变的成核率和晶体长大速度，从而推迟了珠光体转变的进行。如果加热温度偏低或保温时间不够，奥氏体成分的不均匀，将有利于在高碳区形成渗碳体；在低碳区形成铁素体，并加速碳在奥氏体中的扩散，加快了先共析相和珠光体的形成。未溶解渗碳体的存在，既可以作为先共析渗碳体的非匀质晶核，也可以作为珠光体领先相的晶核，因而也加速了珠光体的转变。

2）应力和塑性变形的影响

在奥氏体状态下承受拉应力或进行塑性变形，有加速度珠光体转变的作用。这是由于拉应力和塑性变形造成的晶体点阵畸变和位错密度增高，有利于原子的扩散和点阵重构，所以有促进形核和晶体长大的作用。且奥氏体形变温度越低，珠光体转变速度越大。珠光体转变时，比体积增大，所以拉应力促进珠光体转变，压应力抑制珠光体转变。

4.1.5 珠光体转变产物的力学性能

珠光体是由塑性较好的铁素体和硬而脆的渗碳体复合而成，其力学性能跟这两相的状态密切相关。

1. 共析成分珠光体的力学性能

共析成分的碳钢，经过一定的热处理工艺后，既可以获得片状珠光体，也可以得到粒状珠光体。

（1）片状珠光体的力学性能

片状珠光体的力学性能取决于珠光体的层间距和珠光体团的尺寸。层间距由珠光体形成温度决定，珠光体团的尺寸与奥氏体晶粒大小相关。所以奥氏体化温度和珠光体形成温度决定了片状珠光体的力学性能。

片状珠光体的层间距和珠光体团尺寸对力学性能的影响，与晶粒尺寸对力学性能的影响类似，即层间距和珠光体团尺寸越小，珠光体强度、硬度以及韧性均越会提高，以层间距的影响最为显著。片状珠光体的屈服强度满足霍尔-佩奇（Hall-Petch）公式：

$$\sigma_s = \sigma_i + K S_0^{-1/2} \tag{4-2}$$

式中 σ_i，K——与材料有关的常数；

S_0——为珠光体层间距。

连续冷却条件下，珠光体层间距不均匀。先形成的珠光体转变温度高，层间距大，后转变的珠光体层间距小。珠光体的层间距大小不一，容易引起不均匀的塑性变形。层间距大的区域强度低，变形量大而首先出现应力集中，最终导致材料断裂失效。所以，为了获得片间距离均匀一致、强度高的珠光体，可采用等温处理。

工业上，片状珠光体作为最终使用的组织状态，比较重要的是“派敦”（Patenting）处理的绳用钢丝、琴钢丝和某些弹簧钢丝。所谓派敦处理，就是将高碳钢奥氏体化后，淬入铅浴（600～650℃）获得细片状珠光体（索氏体）组织，而后再进行深度冷拔。这是目前工业上具有最高强度的组织形态之一。

（2）粒状珠光体的机械性能

与片状珠光体相比，在成分相同的情况下，粒状珠光体的强度、硬度稍低，但塑性较好。其原因是，铁素体与渗碳体的相界面较片状珠光体的少，对位错动力的阻力较小。粒状珠光体的塑性较好，是因为铁素体呈连续分布，渗碳体颗粒均匀地分布在铁素体基体上，位错可以较大范围的移动，因此塑性变形量较大。

粒状珠光体的可切削性好，对刀具磨损小，冷挤压成型性好，加热淬火时的变形、开裂倾向小。因此，高碳钢在机加工和热处理前，常要求先经球化退火处理得到粒状珠光体。而中低碳钢机械加工前，则需正火处理，得到更多的伪珠光体，以提高切削加工性能。低碳钢，在深冲等冷加工前，为了提高塑性变形能力，常需进行球化退火。

粒状珠光体的性能主要取决于碳化物颗粒的大小、形态和分布。一般来说，当钢的化学成分一定时，碳化物颗粒越细小，弥散度越高，强度、硬度越高；碳化物越接近等轴状，分布越均匀，塑韧性越好。

2. 非共析钢珠光体转变产物的力学性能

过共析钢一般需要球化处理，室温下组织是珠光体＋粒状渗碳体，具有较好的强度、硬度和耐磨性，有一定的韧性和塑性。亚共析钢珠光体转变产物是先共析铁素体＋珠光体。由于先共析铁素体的存在，使得亚共析钢的强度、硬度降低，塑性、韧性提高。亚共析钢的力学性能不仅仅取决于珠光体的层间距，还与先共析铁素体的含量、晶粒大小及化学成分有关。

当珠光体量少时，珠光体对强度的贡献不占主导地位，此时强度的提高主要靠先共析铁素体晶粒的减小；而当珠光体的量越来越多时，珠光体对强度的贡献就逐步增加，此时强度的提高主要依靠珠光体层间距的减小。

4.1.6 钢中碳化物的相间沉淀

一般情况下，工业用钢碳化物的弥散硬化和二次硬化的利用，都是在调质状态下实现的。但是，在控制轧制条件下使用的非调质高强度钢中，人们利用少量添加的 Nb、V 等强碳化物形成元素，有效地提高了钢的强度。透射电镜观察发现，钢在冷却过程中从奥氏体中析出了纳米级的极为细小的特殊碳（氮）化物，且比较规则的成排分布。研究发现，这种碳（氮）化物是在奥氏体和铁素体相界面上形成的，故称为相间沉淀。相间沉淀是过冷奥氏体分解的一种特殊形式，其碳（氮）化物实在奥氏体和铁素体界面上成核长大的。其转变温度介于珠光体和贝氏体之间，因而研究其转变机理，不仅对非调质钢的强化有实际价值，而且对搞清珠光体和贝氏体转变机理也有一定意义。

1. 相间沉淀的条件

相间沉淀是通过特殊碳（氮）化物在奥氏体和铁素体相界面上形核和长大完成的，因此奥氏体中必须有足够的碳（氮）元素和形成特殊化合物的合金元素。故对一定成分的钢必须采用合适的奥氏体化温度，将碳（氮）化物和合金元素溶入其中。当钢中含氮时，要提高奥氏体化问题。低碳低合金钢在奥氏体化后缓慢冷却，在一个相当大的冷速范围内，转变为先共析铁素体和珠光体。此时，对于含有 Mo、Ti、V、Nb 等特殊碳化物形成元素的合金钢，除了析出铁素体，还有特殊碳化物并发生相间沉淀，其沉淀温度为 800～500℃，由于这些碳（氮）化物细小弥散，因而钢的硬度、强度大幅提高。

2. 相间沉淀产物的组织形态

由于钢中的相间沉淀的转变产物极为细小，在光学显微镜下只能观察到相间沉淀形成的铁素体，其形态与先共析铁素体相似。而在高倍的电子显微镜下，可以观察到铁素体中有呈带状分布的微粒碳（氮）化物存在，这是相间沉淀的组织形态特征。这种组织与珠光体相似，也是由铁素体与碳化物组成的混合物，碳化物不是片状，而是细小粒状的，分布在有一定间距的平行的平面上，因此也称为“变态珠光体”。分布有微粒碳化物的平面彼此之间的距离称为“面间距离”。随着等温转变温度的降低或冷却速度的增大，析出的碳化物颗粒变细，面间距离减小。另外，钢中的化学成分不同对碳化物的颗粒直径的面间距离也有一定的影响，通常含特殊碳化物元素越多，形成碳化物颗粒越细，面间距离越小。在相同转变温度下，随着钢碳含量增高，析出碳化物的数量增多，面间距离也有所减小。

3. 相间沉淀产物的性能

在铁碳合金中，相间沉淀转变产物的硬度，介于铁素体或珠光体与贝氏体之间。但对于低碳合金钢，其硬度可以高于贝氏体。相间沉淀转变产物的强度主要取决于碳化物的弥散强化和晶粒细化，固溶强化的作用较小。在同种类钢中，随着转变温度的降低，由于碳化物细化和面间距离减小而使强度增高；在相同转变温度下，钢的碳含量和合金含量越高，碳化物析出量增大，强度也随之增高。

相间沉淀研究目前已经实际应用于发展微合金钢。微合金化元素为 Nb、V、Ti 等，可单独或联合加入，含量一般在 0.1%左右，主要目的是通过相间沉淀获得碳化物的弥散强化。微合金化钢配合控制轧制技术，可以把弥散强化、晶界强化和形变强化结合在一起，从而获得良好的强度和韧性配合。

4.2 钢的退火

退火（Annealing）是将钢件加热到适当温度，保持一定时间，然后缓慢冷却的热处理工艺。

退火工艺种类：分为完全退火、不完全退火、等温退火、球化退火、去应力退火、扩散退火、再结晶退火、稳定化退火等。退火工艺的选用要根据钢的成分、工件的技术要求和目的以及工艺路线的需要等因素来安排。下面介绍几种常见的退火工艺。

4.2.1 完全退火

1. 概念

完全退火又称重结晶退火，是把钢加热至 Ac_3 以上 20～30℃，保温一定时间后缓慢冷却（随炉冷却）。以获得接近平衡状态组织的热处理工艺。亚共析钢经完全退火后得到的组织是 F+P。

2. 目的

使热加工造成的粗大、不均匀的组织均匀化和细化，降低硬度，改善切削加工性能，消除内应力。

3. 应用范围

主要用于亚共析钢（如中碳钢、中碳合金钢等）的铸、锻、焊、轧制件等。过共析钢不宜采用，因为加热到 Ac_{cm} 以上慢冷时，二次渗碳体会以网状形式沿奥氏体晶界析出，使钢的韧性大大下降，并使最终热处理变形开裂倾向增大。

4. 完全退火工艺

(1) 加热温度

理论为 Ac_3+(20～30℃) 实际生产中一般偏高 20～50℃，常见钢完全退火加热温度参见表 4-1。

(2) 加热炉和保温

一般采用箱式电炉加热，可低温装炉，随炉升温。到温后保温，保温时间与装炉量、工件成分和尺寸等因素有关，一般堆放情况下，可取 2～3h 。

(3) 冷却

保温完成后，停电关闭炉门并随炉降至 500℃以下出炉空冷。

常见结构钢完全退火加热温度和硬度 表 4-1

钢号	退火温度(℃)	退火后硬度(HBW)
40Cr	860～890	≤205
40MnVB	850～880	≤207
35CrMo	830～850	197～229
50CrVA	810～870	179～255
65Mn	790～840	196～229
60Si2Mn	840～860	185～225
38CrMoAlA	900～930	≤229

4.2.2 等温退火

1. 概念

是将钢件或毛坯加热到高于 Ac_3（或 Ac_1）的温度保温适当时间后，较快地冷却到珠光体区的某一温度，并等温保持，使奥氏体转变为珠光体组织，然后缓慢冷却的热处理工艺。

2. 目的

等温退火的目的与完全退火相同但转变较易控制，能获得均匀的组织和硬度。

3. 应用范围

主要用于奥氏体较稳定的合金钢，可大大缩短退火时间。如中碳合金钢、合金工具钢、高合金钢的大型铸、锻、冲压件等。

4. 等温退火工艺

（1）加热温度

亚共析钢：Ac_3＋(30～50℃)，共析或过共析钢：Ac_1＋(20～40℃)。

（2）加热炉和保温

与完全退火工艺基本一样。奥氏体化后迅速转移到等温炉内等温。

（3）等温温度和等温时间

一般为 Ar_1－(30～40℃)，等温时间：3～4h，高合金钢为：5～10h 或更长。表 4-2 列出一些常见钢的加热温度和等温温度。

一些常见钢等温退火工艺的加热温度和等温温度　　表 4-2

钢号	加热温度(℃)	等温温度(℃)	钢号	加热温度(℃)	等温温度(℃)
40Mn2	830～850	620	20Cr	885～900	690
40CrNi	830～850	650	30Cr	845～860	675
50CrNi	830～850	660	40Cr	830～850	675
30CrMo	855～870	675	50Cr	830～850	675
40CrMo	845～860	675	20CrNiMo	885～900	660
12Cr2Ni4	870～890	595	30CrNiMo	845～860	660
60Si2Mn	860～870	660	40CrNiMo	830～850	650

（4）冷却

完成等温转变后，小型、简单件可出炉空冷。大型或形状复杂件可随炉降至 500℃以下出炉空冷。对内应力要求小时可随炉降至 350℃以下出炉空冷。

4.2.3 球化退火

1. 概念

球化退火是将钢件加热至 Ac_1 以上 20～30℃，保温一定时间，然后随炉缓冷或在略低于 Ar_1 的温度下保温之后再出炉空冷以获得球状珠光体（图 4-14）的退火工艺。

2. 目的

降低硬度，改善切削加工性。并为以后淬火做组织准备，减小淬火变形和开裂的倾向。

3. 应用范围

主要用于共析和过共析钢如碳素工具钢、合金工具钢、滚动轴承钢的锻轧件等。

4. 球化退火工艺种类

（1）普通球化退火

将钢件加热至 Ac_1 以上 10～20℃，保温，然后随炉以 10～20℃/h 速度缓冷至 500℃以下出炉空冷。主要用于共析和过共析碳钢，球化充分，周期长。如图 4-13、图 4-14 所示。

（2）等温球化退火

将钢件加热至 Ac_1 以上 20～30℃，保温 2～3h，然后冷至 Ar_1 以下 20～30℃等温 3～4h，然后随炉缓冷至 500℃以下出炉空冷。主要用于合金工具钢、滚动轴承钢等。球化充分，周期较短，易控制，适宜大件。见表 4-3。

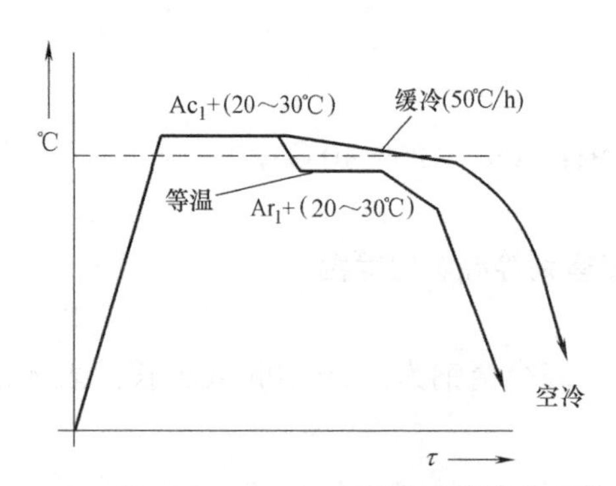

图 4-13　球化退火工艺示意图

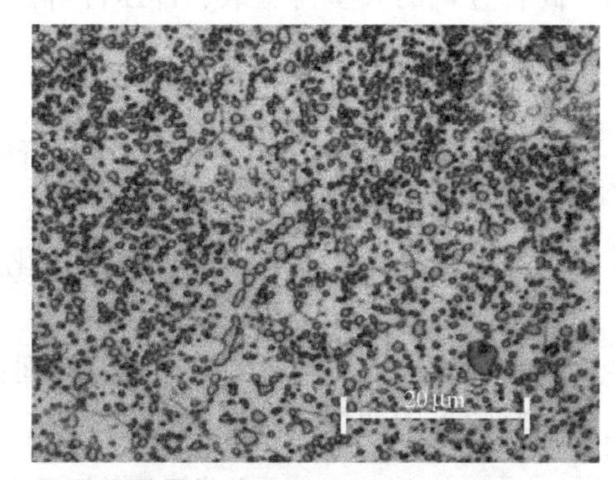

图 4-14　粒状珠光体　1000×

一些常见钢等温球化退火工艺参数和退火后硬度　　表 4-3

钢号	加热保温温度(℃)	等温温度(℃)	等温时间(h)	退火后硬度(HBW)
T8A	740～760	650～680	2～3	187
T10A　T12A	750～770	680～700	2～3	163～197
9SiCr	790～810	700～720	3～4	197～241
CrWMn	780～800	690～700	3～4	207～255
GCr15	790～810	680～710	3～4	207～229
Cr12MoV	850～870	720～750	3～4	207～255
W18Cr4V	850～880	730～750	4～5	207～255

4.2.4　扩散退火（又称均匀化退火）

1. 概念

将钢加热到略低于固相线的温度，长时间保温并进行缓慢冷却的热处理工艺。

2. 目的和应用

减少钢锭、铸件或锻坯的化学成分和组织不均匀性，消除偏析。

3. 扩散退火工艺

加热温度一般在钢的熔点以下 100～200℃，保温时间一般为 10～20h。随炉缓冷（碳钢≤100～200℃/h、合金钢≤50～100℃/h、高合金钢≤20～60℃/h）至 350℃以下出炉空冷。

扩散退火后钢的晶粒粗大，因此要再进行完全退火或正火处理来细化晶粒。

4.2.5　去应力退火

1. 概念

是将钢件加热至低于 Ac_1 的某一温度，长时间保温并随炉缓慢冷却的热处理工艺。如图 4-16 所示。

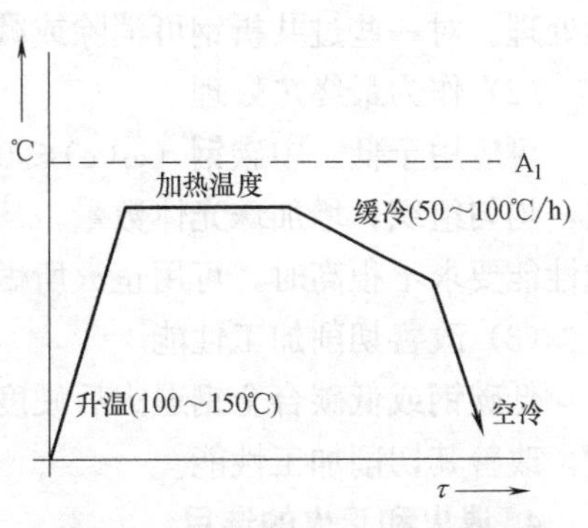

图 4-16　去应力退火工艺示意图

2. 目的和应用

为消除铸、锻、焊和机加工、冷变形、热处理等冷热加工在工件中造成的残留内应力。这种处理不会引起组织变化。

3. 工艺

加热温度一般为 500～650℃，应比最后一次回火温度低 20～30℃。保温和冷却要看工件具体情况。不同工件去应力退火工艺参见表 4-4。

不同工件去应力退火工艺及低温时效工艺　　表 4-4

工件类别	加热速度(℃/h)	加热温度(℃)	保温时间(h)	冷却速度(℃/h)
焊接件	≤300℃装炉 ≤100～150℃/h	500～550	2～4	炉冷至 300℃出炉空冷
消除加工应力	到温装炉	400～550	2～4	炉冷或空冷
镗杆、精密轴承(38CrMoAl)	≤200℃装炉 ≤80℃/h	600～650	10～12	炉冷至 200℃出炉(350℃以上冷速≤80℃/h)
精密丝杠(1、2 级)	≤200℃装炉 ≤80℃/h	550～600	10～12	炉冷至 200℃出炉(350℃以上冷速≤80℃/h)
一般丝杠、主轴(45、40Cr)	随炉升温	550～600	6～8	炉冷至 200℃出炉
精密丝杠、量具(T10、GCr15、CrMn)	随炉升温	130～180	12～16	空冷(时效多在油浴中进行)

4.3　钢的正火

1. 概念

钢材或钢件加热到 Ac_3（对于亚共析钢）和 Ac_{cm}（对于过共析钢）以上 30～50℃，保温适当时间后，在空气中（或以适当冷速）冷却的热处理工艺称为正火。

2. 正火后组织

亚共析钢为 F+S，共析钢为 S，过共析钢为 $S+Fe_3C_{II}$。

3. 目的和应用范围

（1）作为预先热处理

可应用于低、中碳钢和某些低合金结构钢的铸、锻件来消除应力、消除魏氏组织和带状组织，细化和均匀组织，为后面的淬火或调质作组织准备，也可作为淬火返修件的预先热处理。对一些过共析钢可消除或减少网状碳化物，为球化退火作组织准备。

（2）作为最终热处理

可应用于低、中碳钢（ω(c)≤0.4%）和某些低碳合金结构钢的铸、锻件来细化晶粒，均匀组织，增加珠光体数量，从而提高强度、硬度和韧性。对于普通结构钢零件，机械性能要求不很高时，可用正火所做性能作为最终使用性能。

（3）改善切削加工性能

低碳钢或低碳合金钢退火后硬度太低，韧性太好，不利于切削加工。正火可提高其硬度，改善其切削加工性能。

4. 退火和正火的选用

退火与正火有相似之处，有时又可相互替代，选用时可从以下三方面予以考虑：

（1）从切削加工性上考虑

低、中碳钢和某些低碳合金结构钢，一般选用正火，高碳结构钢和工具钢则以退火为宜。对合金钢，由于合金元素的加入，使钢的硬度有所提高，故中碳以上的合金钢一般都采用退火以改善切削加工性。见表4-5。

（2）从使用性能上考虑

如工件性能要求不高，不必淬火和回火，一般可用正火来提高其机械性能。如零件形状比较复杂，正火的冷却速度有形成裂纹的危险，应采用退火。

（3）从生产成本上考虑

正火比退火的生产周期短，耗能少，且操作简便，故在可能的条件下，应优先考虑以正火代替退火。

退火与正火后硬度比较 **表4-5**

工艺 \ 钢含碳量	优质碳素结构钢(HBW)			碳素工具钢(HBW)
	≤0.25%	0.25%～0.65%	0.65%～0.85%	0.7%～1.3%
退火	≤150	150～220	220～229	187～217(球化)
正火	≤156	150～228	230～280	229～341

5. 正火工艺

（1）加热温度

亚共析钢 Ac_3＋(30～50℃)，过共析钢 Ac_{cm}＋(30～50℃)。常见钢正火加热温度及硬度见表4-6。

常见钢正火加热温度及硬度 **表4-6**

钢	加热温度(℃)	正火后硬度(HBW)	备　注
35	860～900	146～197	
45	840～880	170～217	
20Cr	870～900	143～197	渗碳前的预备热处理

续表

钢	加热温度(℃)	正火后硬度(HBW)	备　注
20CrMnTi	920～970	160～207	渗碳前的预备热处理
20MnVB	880～900	149～179	渗碳前的预备热处理
40Cr	870～890	179～229	
40MnVB	860～890	159～207	正火后680～720℃高温回火
50Mn2	820～860	192～241	正火后630～650℃高温回火
40CrNiMoA	890～920	220～270	
38CrMoAlA	930～970	179～229	正火后700～720℃高温回火
9Mn2V	860～880		消除网状碳化物
GCr15	900～950		消除网状碳化物
CrWMn	970～990		消除网状碳化物

(2) 保温时间

保温时间与装炉量、工件成分和尺寸等因素有关，与淬火工艺接近。工件一般采用工作温度或高于工作温度装炉。若重叠装料，应适当延长保温时间。

(3) 冷却

正火工件的冷却一般为空冷，大件正火也可采用风冷、喷雾冷却等，以获得预期的效果。

实验三　碳钢的退火与正火工艺实验

一、实验目的

1. 理解珠光体转变过程；
2. 掌握碳钢的退火与正火工艺；
3. 能够识别碳钢退火及正火组织；
4. 了解碳钢退火与正火工艺的性能差异；
5. 理解碳钢正火与退火工艺的差别。

二、实验要求

学生在掌握钢的退火与正火工艺相关知识的基础上，在规定时间内，完成实验操作过程；完成实验报告；完成讲评总结。

三、实验学时

4学时。

四、实验设备及材料

高温箱式炉、水槽、布氏硬度计及标准试块、洛氏硬度计及标准试块，砂轮机、金相显微镜、金相砂纸、4%硝酸酒精、脱脂棉、镊子等，每组分别准备20、45、T8、T12钢试块。

五、实验分组

老师组织学生分组，6～8 人为一组。学生以小组为单位共同完成实验项目，但对于实验项目的内容和要求，每个同学都要求掌握。

六、实验内容和步骤

1. 实验内容

(1) 熟悉加热设备箱式电炉的操作方法和注意事项；

(2) 查热处理手册，进行 20、45、T8、T12 钢试块完全退火及正火工艺制定，按组完成实验操作；

(3) 测定硬度数值，注意进行硬度实验数据的记录，洛氏硬度最少记录 4 次数据；

(4) 完成金相试样制备及组织观察；

(5) 小组集体分析讨论数据的正确性，确定最终实验数据结果和实验结论。

2. 实验步骤

项目资讯	在了解项目任务及实训目的后，以小组为单位，讨论、分析、提问、查阅与钢的退火与正火相关知识，以及硬度检测操作、安全、质量等相关知识。各岗位要清楚自己的职责、知识点和技能点
决策	小组成员可各自提出实验方案，在讨论的基础上，确定其实施方案
计划	编写实施方案(参数及内容涉及：使用设备及型号、工装、工具、质量检查项目、技术要求)；制定工作计划(包含工序步骤、小组分工)
实施	操作前准备工作，检查设备、工具、工装、硬度计和显微镜等；按照工作计划来进行操作，在加热设备上输入加热温度、保温时间等工艺参数；工件装炉，并按照工作计划和设备说明来进行操作
检查	检查所用钢的表面质量、是否开裂及变形；检测硬度并记录数值；完成金相制备及组织观察。留好样件做备查。 检查设备、工装、工具、仪器等是否损坏、丢失；是否摆放到位；维护设备及清扫卫生
评价	参照情境学习考核标准及项目任务完成情况进行自我评价、小组互评，学生完成实训报告的填写。 最后老师总评
其他	实训完毕，清理场地，检查整理工具、设备，是否遗落或损坏，如有遗失或损坏应向指导教师说明情况和原因，填写情况报告书

3. 实验结果

组别	20 钢试样	45 钢试样	T8 钢试样	T12 钢试样
第一组				
第二组				
第三组				
第四组				

七、实验评价

以下为考核标准和考评内容。

考评项目	考 评 内 容	成绩占比
专业能力	1. 理解珠光体转变过程； 2. 掌握碳钢的退火与正火工艺； 3. 能够识别碳钢退火及正火组织； 4. 了解碳钢退火与正火工艺的性能差异； 5. 理解碳钢正火与退火工艺的差别	40%
方法能力	1. 能熟练运用专业知识；具备收集查阅处理信息能力； 2. 能正确制定工作计划和实施方案；工艺方案思路清晰正确； 3. 具备分析和解决问题的能力。善于记录总结项目过程数据等 30%	30%
项目检查	1. 实验过程及结果正确，具备处理问题和采取措施的能力； 2. 实验报告完成质量好，善于进行项目总结。小组总结完成好； 3. 实验完成后，清理、归位、维护和卫生等善后工作到位	20%
社会能力	工作与职业素养、学习态度、责任心、团队合作精神、交流及表达能力、组织协调能力、质量意识、安全意识和环保意识。遵守教学管理制度情况、遵守安全操作规程情况；设备维护保养及爱护情况；是否有脱岗情况；回答问题情况；小组成员配合情况	10%
总评	合计分数	

思 考 题

1. 何为珠光体团、珠光体晶粒？简述珠光体的形貌特征。

2. 影响珠光体片间距的因素有哪些？片间距与力学性能有什么关系？

3. 以 Fe_3C 为领先相说明珠光体团的形成过程，并说明奥氏体向珠光体转变过程中碳的扩散规律。

4. 试述粒状珠光体的形成过程。

5. 试述亚共析钢中先共析铁素体的形态特征与钢的含碳量之间的关系。

6. 从碳化物形成和转变两个方面说明合金元素对“C”曲线的影响。

7. 简述影响珠光体转变动力学的因素。

8. 试述钢中碳化物的相间析出机制，相间析出条件及相间析出产物的组织形态。

9. 退火的种类有哪些？试述各类退火工艺的目的和应用范围。

10. 试述正火的工艺目的和应用范围。

11. 退火和正火工艺应如何选用？

12. 比较退火状态下 45 钢、T8 钢、T12 钢的硬度、强度和塑性的高低，并简述其原因。

第4章拓展知识
轴承钢的
球化退火

第 5 章　淬火组织转变及工艺

钢经奥氏体化后，经淬火快速冷却，抑制其扩散性分解，在较低温度下发生的转变，为马氏体转变。淬火工艺是钢件热处理强化的主要手段之一。因此，马氏体转变理论的研究与热处理实践有着十分密切的关系。

5.1　马氏体转变

早在战国时期，人们已经知道可以用淬火，即将钢加热到高温后淬入水或油中急冷的方法提高钢的硬度。经过淬火的钢制宝剑可以“削铁如泥”，但是在当时，对于淬火能提高钢的硬度的本质还不清楚。直到 19 世纪末期，人们才知道，钢在加热与快速冷却过程中，内部发生了相变，从而使钢的硬度得到了极大地提升。为了纪念最先发现这种组织的德国冶金学家阿道夫·马滕斯（Adolf Martens），将这种高硬度相称为马氏体，把钢中奥氏体转变为马氏体的过程称为马氏体相变。

由于钢材及淬火工艺的广泛应用，初期对马氏体的研究，主要局限于研究钢中的马氏体转变。

20 世纪 30 年代，人们用 X 射线结构分析方法测得钢中马氏体是碳溶于 α-Fe 而形成的过饱和固溶体，马氏体中的固溶碳即原奥氏体中的固溶碳。因此，曾一度认为所谓马氏体即碳在中 α-Fe 的过饱和间隙固溶体，其转变过程是一个由快冷造成的内应力场所引起的切变过程。

20 世纪 40 年代后，材料学家陆续在 Fe-Ni、Fe-Mn 合金以及许多有色金属及合金中也发现了马氏体转变。不仅观察到了冷却过程中发生的马氏体转变，还观察到了加热过程中所发生的马氏体转变。新观察到的马氏体转变的特征和钢中马氏体转变的特征相似，基于这些新的发现，马氏体和马氏体相变被赋予了更为深层的内涵，广泛地把基本特征属马氏体相变型的相变产物统称为马氏体。

20 世纪 60 年代以来，由于电子显微镜技术的发展，揭示了马氏体的微观结构，使人们对马氏体的成分、组织结构和性能之间的关系有了比较清晰的概念，对马氏体的形成规律也有了进一步的了解，并因此推动了热处理新工艺及新材料的发展。虽然在热弹性马氏体基础上发展起来的形状记忆合金备受关注，但是就马氏体转变机制而言，尚未形成完整而成熟的理论体系。目前已提出的几种切变机制还不能圆满地解释马氏体转变过程，尚待进一步深入研究。

5.1.1　马氏体转变的主要特征

马氏体转变是在低温下进行的一种转变。对于钢来说，此时不仅铁原子已不能扩散，就是碳原子也难以扩散。故马氏体转变具有一系列不同于加热转变以及珠光体转变等扩散型相变的特征。

马氏体转变是在低温下进行的一种转变。对于钢来说，此时不仅铁原子已不能扩散，就是碳原子也难以扩散。故马氏体转变具有一系列不同于加热转变以及珠光体转变等扩散型相变的特征。

1. 非扩散性

研究发现，马氏体的形成速度很快。高碳马氏体在 80～250K 温度内长大速率都在 10^3 m/s 数量级，甚至在更低温度下，也能以极快的速度发生马氏体相变。在这种情况下，原子已经不能长程扩散。这也就意味着马氏体转变只有点阵改组而无成分的改变。如钢中的奥氏体转变为马氏体时，只是点阵由面心立方通过切变改组为体心立方（或体心正方），而马氏体的成分与原奥氏体的成分完全一样，且碳原子在马氏体与奥氏体中相对于铁原子保持不变的间隙位置。

马氏体相变的非扩散并不意味着原子绝对没有移动，只是相变时相邻原子之间的相对位移极小，不超过一个原子间距。而扩散型相变为原子的长程扩散迁移，原子间的相邻关系发生变化，伴随着相界面的推移，不同原子以散乱的方式由母相转移到新相。例如，奥氏体化转变及珠光体转变时，新相通过大角晶界的迁移长入与其无位向关系的母相，即属于扩散型转变。而马氏体相变时，两相界面向母相的推移则是通过整体协作方式，类似于排成方阵的士兵的阵型变化，以整体的规则迁移完成。每一个原子均相对于相邻原子以相同的矢量移动，近邻关系得以保持。

2. 马氏体转变的切变共格与表面浮凸现象

马氏体转变时能在预先抛光的试样表面上形成有规则的表面浮凸，这表明马氏体相变与宏观切变有着直接的关系。奥氏体中已转变为马氏体的部分发生了切变，点阵改组，且带动靠近界面的还未转变的奥氏体也随之而发生了弹塑性切应变，如图 5-1（a）所示，故在抛光表面出现部分突起部分凹陷的浮凸现象。如果转变前在试样抛光表面刻一条直线划痕 STS′，则转变后会在产生浮凸的表面上形成折线 S″T′TS′，如图 5-1（b）所示。划痕由直线转变为折线，无弯曲或折断，则表明，在转变时，界面两侧的马氏体和奥氏体未发生长距离相对移动，而是母相原子做规则迁移，以切变使界面在推移过程中保持共格。界面原子既属于马氏体，也属于奥氏体，两相界面是一个共格切变界面。这种以母相切变维持共格关系的界面，称为第二类共格界面。

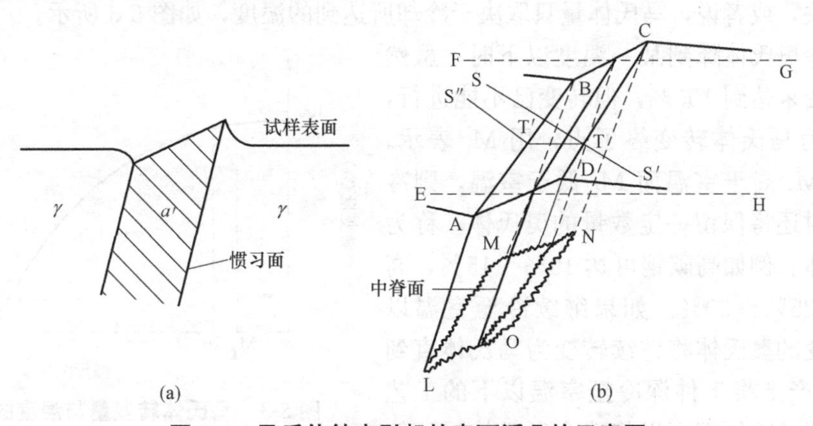

图 5-1　马氏体转变引起的表面浮凸的示意图

共格界面的界面能较非共格界面小，但由于靠切变维持的第二类共格界面在两侧都有弹性切应变，故又增加了一部分应变能。随着新相的长大，应变能增加，最终将导致塑性变形和共格关系的破坏，马氏体生长也就停止了。

3. 马氏体转变的位向关系及惯习面

由于马氏体在转变时，新相与母相始终保持着共格关系，因此两相之间存在着严格的晶体学位向关系。例如碳钢中的K-S关系：$\{110\}_{\alpha'}$//$\{111\}_{\gamma}$，$<111>_{\alpha}$//$<110>_{\gamma}$，奥氏体的最密排面和最密排方向分别于马氏体的最密排面和密排方向平行。显然，最密排面的面间距最大，沿着最密排面的最密排方向切变最容易。此外，在合金中已经观察到的位向关系还有西山关系和G-T关系等。

研究表明，马氏体转变时新相与母相不仅具有严格的位向关系，而且新相还在母相的特定的晶面上形成。而这个特定面又被称作惯习面，通常以母相的晶面指数来表示，如图5-2所示。惯习面为无畸变、无转动平面，在相变过程中未发生宏观应变。新相与母相以惯习面为中心发生对称倾动。钢中的马氏体惯习面并非一成不变，它随着奥氏体碳含量及马氏体形成温度变化而改变。在碳钢中，$\omega_c<0.6\%$时，惯习面为$\{111\}_{\gamma}$；$0.6\%\leqslant\omega_c\leqslant1.4\%$时，惯习面为$\{225\}_{\gamma}$；$\omega_c>1.4\%$时，惯习面为$\{259\}_{\gamma}$。如果马氏体形成温度降低，惯习面则有向高指数变化的趋势。故对同一成分的钢，也可能出现两种惯习面，如先形成的马氏体惯习面为$\{225\}_{\gamma}$，而后形成的马氏体惯习面为$\{259\}_{\gamma}$。

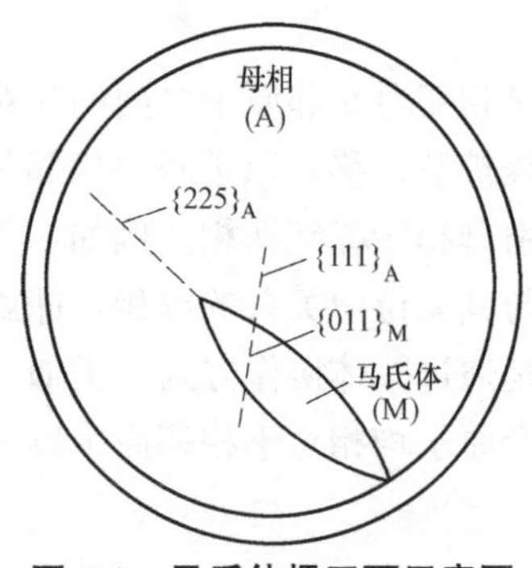

图5-2 马氏体惯习面示意图

4. 马氏体转变的不完全性

大多数合金必须将奥氏体以大于临界冷却速度的冷却速度过冷到某一温度才能发生马氏体转变，也就是说马氏体转变有一上限温度，这一温度称为马氏体转变的开始温度，也称为马氏体开始转变点，用M_s表示。

不同材料的M_s是不同的。当奥氏体被过冷到M_s点以下任一温度时，不需经过孕育，转变立即开始且以极大的速度进行，但转变会很快停止，过冷奥氏体不能完全转变为马氏体。为了使转变能继续进行，必须降低温度，即马氏体转变是温度的函数，而与等温时间与无关，或者说，马氏体量只取决于冷却所达到的温度，如图5-3所示。

当过冷奥氏体降到某一温度以下时，虽然马氏体转变未达到100%，但转变已不能进行，该温度称为马氏体转变终了点，用M_f表示。如某钢的M_s高于室温而M_f低于室温，则冷却至室温时还将保留一定数量的奥氏体，称为残余奥氏体。例如高碳钢可达10%～15%，高速钢可达25%～30%。如果继续冷至室温以下，未转变的奥氏体将继续转变为马氏体直到M_f点。生产上将工件深冷至室温以下的工艺称为冷处理。冷处理可以将残余奥氏体尽可能

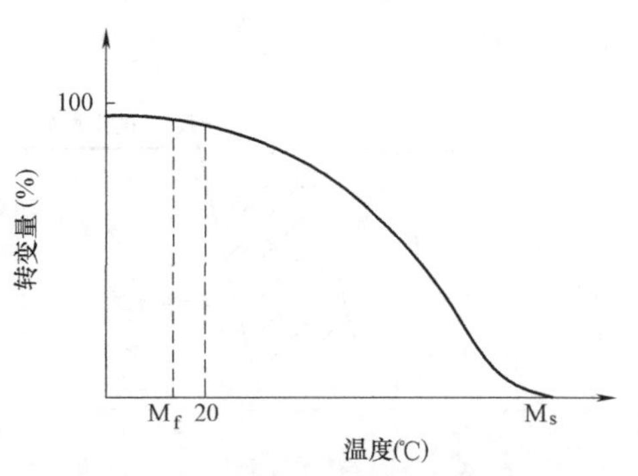

图5-3 马氏体转变量与温度的关系

多的转变为马氏体，但是依然受限于马氏体转变的不完全性。

5. 马氏体转变的可逆性

在某些合金中，奥氏体冷却时转变为马氏体，重新加热时，已形成的马氏体又可以逆马氏体转变为奥氏体，这就是马氏体转变的可逆性。一般将马氏体直接向奥氏体转变称为逆转变。逆转变开始点用 A_s 表示，逆转变终了点用 A_f 表示。通常 A_s 温度比 M_s 温度高。

某些合金在马氏体状态下进行塑性变形后，再将其加热到 A_s 温度以上，便会自动恢复到母相原来的形状。如果将合金再次冷却到 M_s 温度以下，它又会恢复到经塑性变形的马氏体状态。这类具有形状记忆的合金称为形状记忆合金。如卫星上面用作宇航天线的 Ni-Ti 合金，待卫星进入轨道后，受到太空阳光照射升温至 A_s 以上时，团状天线便会自动张开，恢复到原来的形状。

在 Fe-C 合金中，目前尚未直接观察到马氏体的逆转变。一般认为，由于含碳马氏体是碳在 α-Fe 中的过饱和固溶体，加热时极易分解，因此在尚未加热到 A_s 点时，马氏体就已经分解了，所以得不到马氏体的逆转变。

综上所述，马氏体相变区别于其他相变的最基本的特点只有两个：一是相变以共格切变方式进行，二是相变的非扩散性。所有其他特点均是由这两个基本特点派生而来。

5.1.2　马氏体转变的晶体学和转变机制

1. 马氏体的晶体结构

（1）马氏体的晶格类型

Fe-C 合金中的马氏体是碳在 α-Fe 中形成的过饱和间隙固溶体。经 X 射线衍射分析，马氏体具有体心正方点阵，其点阵常数之间的关系为：$a=b\neq c$，$\alpha=\beta=\gamma=90°$（c/a 称为正方度）。如图 5-4 所示，随钢中碳含量升高，马氏体点阵常数 c 增大，a 减小，正方度 c/a 增大，点阵常数与含碳量呈线性关系。因此，马氏体的正方度可以作为马氏体含碳量定量分析的依据。

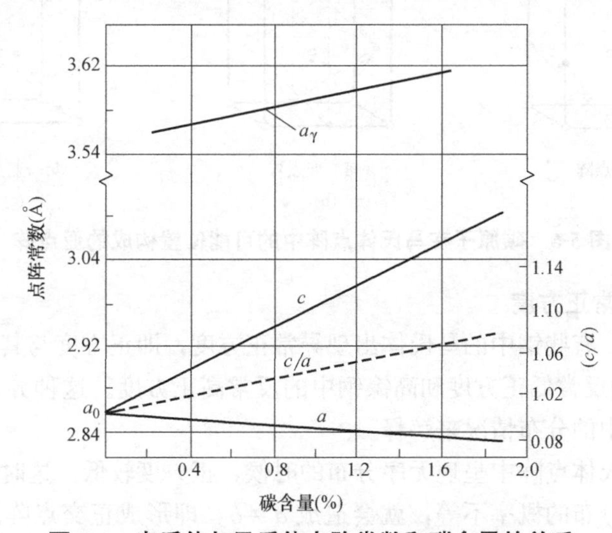

图 5-4　奥氏体与马氏体点阵常数和碳含量的关系

(2) 碳原子在马氏体点阵中的位置及分布

碳原子在 α-Fe 中可能存在的位置是铁原子构成体心立方点阵的八面体间隙中心点，在单胞中就是各边中点和面心位置，如图 5-5 所示。体心立方点阵的八面体间隙是一扁八面体，其长轴为$\sqrt{2}a$，短轴为 c。根据计算，α-Fe 中的这个间隙在短轴方向上的半径仅 0.19Å，而碳原子的有效半径为 0.77Å。因此，在平衡状态下，碳在 α-Fe 中的溶解度极小。由于钢中马氏体的碳含量远远超过平衡状态下的 0.006%，大量的碳原子固溶，势必引起点阵发生畸变。图 5-6 中只指出了碳原子可能占据的位置，但并非所有位置上都有碳原子存在。这些位置可以分为三组，每组构成一个八面体，碳原子分别占据着这些八面体的顶点，通常把这三种结构称之为亚点阵。图 5-6 (a) 称为第三亚点阵，碳原子在 c 轴上；图 5-6 (b) 称为第二亚点阵，碳原子在 b 轴上；图 5-6 (c) 称为第一亚点阵，碳原子在 a 轴上；如果碳原子在三个亚点阵上分布的概率相等，即无序分布，则马氏体应为立方点阵。研究表明，马氏体点阵是体心正方的，近 80%的碳原子优先占据第三亚点阵，而 20%的碳原子分布其他两个亚点阵，即在马氏体中，碳原子呈部分有序分布。

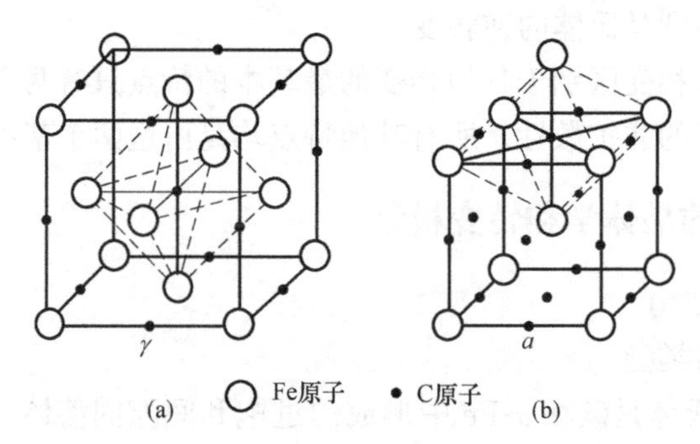

图 5-5　奥氏体与马氏体的点阵结构及溶于其中的碳原子所在的位置

(a) 奥氏体；(b) 马氏体

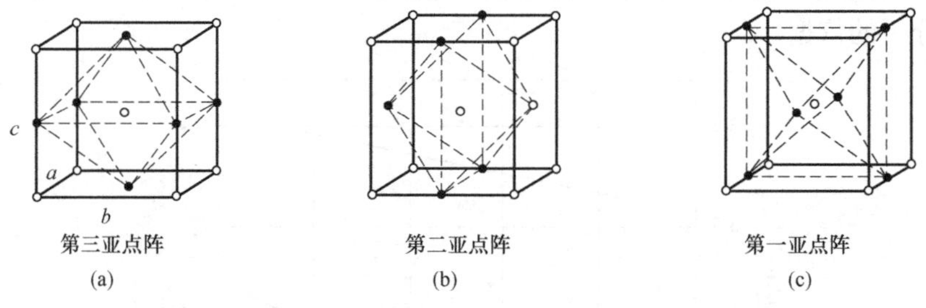

图 5-6　碳原子在马氏体点阵中的可能位置构成的亚点阵

2. 马氏体的异常正方度

在研究中发现，有些钢中的马氏体出现异常正方度，即正方度与其碳含量的关系不符合图 5-4，如锰钢的反常低正方度和高镍钢中的反常高正方度。这种异常正方度可以用碳原子在马氏体点阵中的分布情况来解释。

当碳原子在马氏体点阵中呈现无序分布的时候，正方度较低。这时如部分碳原子在另外两组间隙位置上分布的概率不等，就会造成 $a \neq b$，即形成正交点阵。当温度回升至室温时，碳原子重新分布，有序度增大，从而使正方度增大，而正交对称性减小，甚至消失，这就是碳原子在马氏体点阵中的有序化转变。至于马氏体的反常高正方度，是因为碳原子几乎都处于同一组间隙位置上，即呈现完全有序态所致。当温度升高时，因发生无序化而又使正方度降低。

由于有序化转变是一个依赖于原子迁移而重新排列的过程，其形成与冷却速度有关。当钢从高于临界有序化温度快速冷却时，有序化过程受到抑制，甚至可以完全保留高温时的无序状态。而随后的升温有助于继续或重新有序化。但是有的钢在淬火时恰好发生有序化得到反常高正方度，在随后的升温过程中发生无序化转变，从而使正方度降低。以上即为某些钢中马氏体呈现反常低正方度或反常高正方度，而温度升高后又向反方向转化的原因。

3. 马氏体的切变机制

马氏体相变的无扩散性及低温下的高速转变等特点，都说明在相变过程中，点阵的重组是由原子集体的、有规律的近程移动完成。马氏体转变可以看做是晶体由一种结构通过切变转变为另一种结构的过程。由于其转变速度很快，只能通过相变前后的晶体结构推断这一过程。目前理论尚不成熟，提出的切变模型主要有 Bain 模型、K-S 模型、G-T 模型。下面以 Bain 模型为例，介绍切变机制。

美国学者 E. C. Bain 于 1924 年提出该切变模型，如图 5-7 所示。该模型把面心立方点阵看成是轴比为 $c/a=\sqrt{2}:1$ 的体心正方点阵，同样，也可以把稳定的体心立方点阵的铁素体看成是体心正方点阵，其轴比等于 1。因此，只要把面心立方点阵沿 $(x_3)_M$ 方向压缩，沿 $(x_1)_M$ 和 $(x_2)_M$ 方向拉长，就可以得到点阵参数等于 1 的体心正方结构。

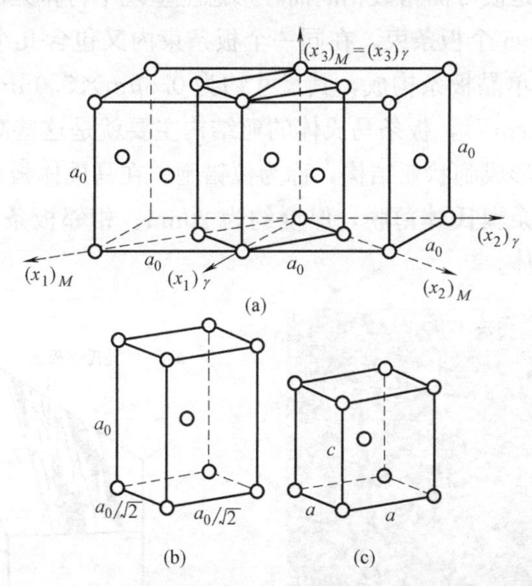

图 5-7　面心立方点阵转变为体心正方点阵的 Bain 模型

马氏体即为这两种状态之间的中间态。由于马氏体中固溶有间隙碳原子，故其轴比不能等于 1，一般随碳含量的变化，马氏体的 c/a（正方度）在 1.08～1.00 之间变化。按 Bain 模型，在转变过程中，原子的相对位移很小，面心立方点阵转变为体心正方点阵时，奥氏体与马氏体的基面重合，也大体上符合 K-S 关系。

Bain 模型只能说明点阵的改组，不能解释相变时出现的表面浮凸和惯习面，也不能说明在马氏体中所出现的亚结构。同样，K-S模型和G-T模型在解释马氏体相变时也存在一定的局限性，切变理论有待于进一步完善。

5.1.3 马氏体的组织形态

马氏体是一个单相组织，但由于钢的种类、成分不同，以及热处理条件的差异，会使马氏体的组织形态和内部亚结构变的较为复杂。这些变化对马氏体的力学性能影响很大。因此，掌握马氏体组织形态特征并进而了解影响马氏体形态的各种因素是十分重要的。

1. 马氏体的组织形态

近年来，随着电子显微技术的发展，人们对马氏体的形态及其亚结构进行了详细的研究，发现钢中马氏体形态虽然多种多样，但就其特征而言，大体上可以分为以下几类：

(1) 板条状马氏体

低碳钢、低碳合金钢、马氏体时效钢以及不锈钢等在淬火后可以形成板条状马氏体，如图5-8所示。由于板条状马氏体主要出现在低碳钢中，又被称为低碳马氏体。这种马氏体的亚结构主要为位错，通常也称为位错型马氏体。

如图5-9所示，马氏体呈板条状，一束束排列在原奥氏体晶粒内。因其显微组织是由许多成群的板条组成，故称为板条马氏体。由于板条马氏体与母相奥氏体存在一定的晶体学位向关系，板条束即是惯习面指数相同而在形态上呈现平行排列的板条群。在一个原奥氏体晶粒内部可以有3～5个板条束，在同一个板条束内又包含几个平行的板条块。每个板条块由若干个马氏体单晶板条构成，其尺寸约为0.5μm×5.0μm×20μm。板条内位错密度高达(3～9)×$10^{11}cm^{-2}$，板条马氏体的亚结构主要就是这些高密度位错。这些位错分布不均匀，相互缠绕形成胞状亚结构，称为位错胞。在马氏体板条间夹杂一层经过高度变形的稳定性极高的残余奥氏体薄膜，厚度约为20nm。相邻板条间也可形成孪晶关系，此时板条间无残余奥氏体。

图5-8 20钢的淬火组织，板条马氏体
(950℃加热，水淬，500×)

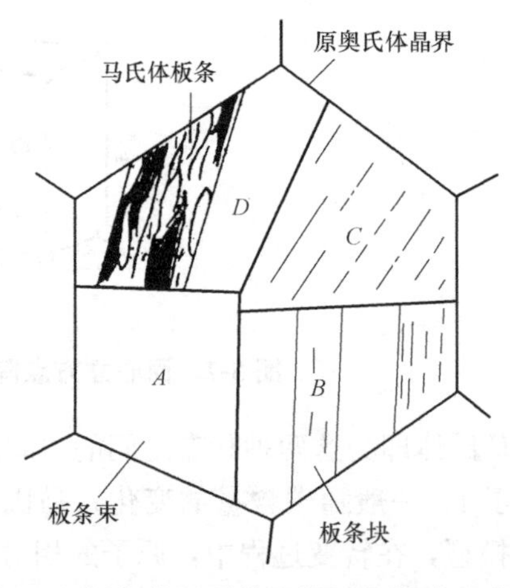

图5-9 板条状马氏体显微组织构成示意图

改变奥氏体化温度，可以改变奥氏体晶粒大小。实验证明，一个奥氏体晶粒内生成的板条束的数量大体不变，板条束的大小随着奥氏体晶粒的增大等比增大，但板条宽度并不随之发生变化。随着淬火速度的增加，板条束和板条块尺寸减小，组织变细。

（2）片状马氏体

片状马氏体是另一种典型的马氏体组织，常见于淬火高碳钢中，又被称作高碳马氏体。这种马氏体的空间形态呈双凸透镜片状，所以也称为透镜片状马氏体。在金相试样制备过程中，透镜状组织与试样磨面相截，在显微镜下呈现针状或竹叶状，如图5-10所示，故又称之为针状马氏体或竹叶状马氏体。片状马氏体的亚结构主要为孪晶，因此又称其为孪晶型马氏体。

在片状马氏体的显微组织中，马氏体片大小不一，马氏体片不平行，互成一定夹角。在原奥氏体晶粒中首先形成的马氏体片贯穿整个奥氏体晶粒，将奥氏体分割。随后形成的马氏体片将奥氏体再次分割，导致后面形成的马氏体片尺寸越来越小，如图5-11所示。片状马氏体的最大尺寸取决于原奥氏体晶粒度。原奥氏体晶粒越大，相变生成的马氏体片也越大；原奥氏体晶粒越小，相变生成的马氏体片也越小。当马氏体片小到在光学显微镜上无法分辨时，便称其为隐晶马氏体。由于高碳合金钢在淬火时有大量的未溶碳化物，会阻碍奥氏体晶粒的长大，淬火后得到的组织一般为隐晶马氏体。

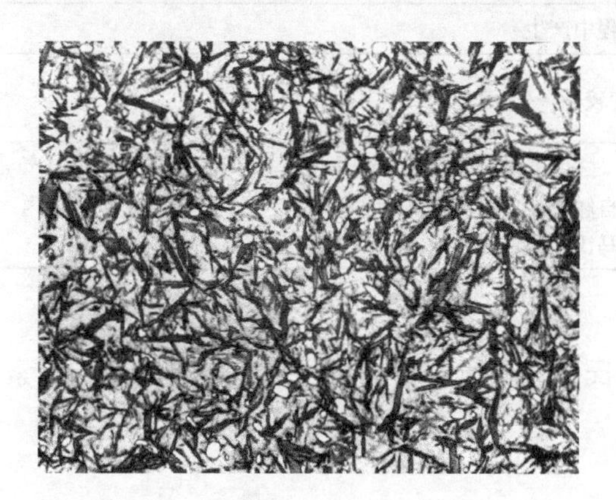

图5-10　T12钢的淬火组织，针状马氏体（830℃加热，水淬，500×）

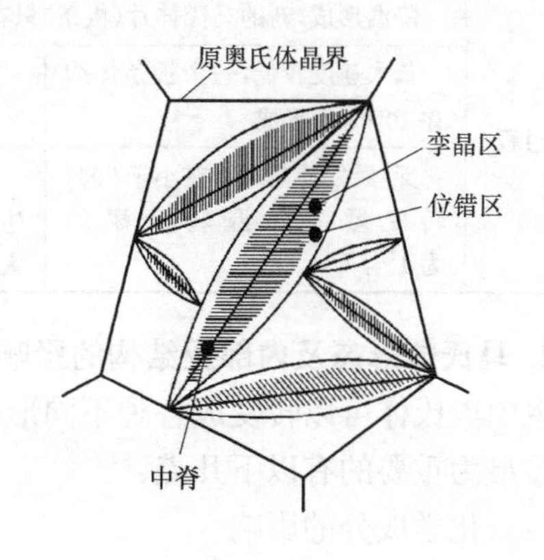

图5-11　片状马氏体显微组织示意图

片状马氏体的惯习面和位向关系与形成温度有关。形成温度高时，惯习面为$\{225\}_\gamma$，符合K-S关系；形成温度低时，惯习面为$\{259\}_\gamma$，符合西山关系。马氏体片具有明显的中脊，中脊面多为惯习面。片状马氏体的亚结构主要是孪晶，孪晶间距为5～10nm，一般存在于马氏体中脊附近的中央地带，片的边缘为复杂的位错网络。孪晶区的大小与合金成分和M_s点相关。例如在Fe-Ni合金中，含Ni量越高，M_s点越低，孪晶区越大。

除此之外，在合金中还发现了蝶状马氏体、薄片马氏体和ε马氏体等多种形态的马氏体。但板条状马氏体和片状马氏体是钢和其他合金中的两种最基本、最典型的马氏体形态，其形态特征及晶体学特点见表5-1。

板条状马氏体和片状马氏体的晶体学与形态特征对比　　表 5-1

类型	板条状马氏体	片状马氏体	
惯习面	$\{111\}_{\gamma}$	$\{225\}_{\gamma}$	$\{259\}_{\gamma}$

位向关系	K-S关系
	$\{110\}_{\alpha'}//\{111\}_{\gamma}$
	$\langle 111\rangle_{\alpha'}//\langle 110\rangle_{\gamma}$
		K-S关系
		$\{110\}_{\alpha'}//\{111\}_{\gamma}$
		$\langle 111\rangle_{\alpha'}//\langle 110\rangle_{\gamma}$
			西山关系
			$\{110\}_{\alpha'}//\{111\}_{\gamma}$
			$\langle 110\rangle_{\alpha'}//\langle 112\rangle_{\gamma}$

形成温度	M_S>350℃	M_S≈100～200℃	M_S<100℃
合金成分%C	>0.3	1～1.4	1.4～2
	0.3～1时为混合型		
组织形态	板条常自奥氏体晶界向晶内平行排列成群，板条宽度多为0.1～0.2μm，长度小于10μm，一个奥氏体晶粒内包含几个板条群，同位向束内板条体之间为小角晶界，板条群之间为大角晶界	凸透镜片状（或针状、竹叶状）中间稍厚。初生者较厚较长，横贯奥氏体晶粒，次生者尺寸较小。在初生片与奥氏体晶界之间，片间交角较大，易促成显微裂纹	同左，片的中央有中脊。在两个初生片之间常见到“Z”字形分布的细薄片
亚结构	位错网络（缠结）。位错密度随含碳量而增大，常为(3～9)×10^{11}cm^{-2}有时亦可见到少量的细小孪晶	宽度约为5-10nm的细小孪晶，以中脊为中心组成相变孪晶区，随M_S点降低，相变孪晶区增大，片的边缘部分为复杂的位错组列，孪晶面为$\{112\}_{\alpha'}$，孪晶方向为$\langle 111\rangle_{\alpha'}$	
形成过程	降温形成，新的马氏体片（板条）只在冷却过程中产生		
	长大速度较低，一个板条体约在10^{-4}s内形成	长大速度较高，一个片体大约在10^{-7}s内形成	
	无“爆发性”转变，在小于50%转变量内降温转变率约为1%/℃	M_S<0℃时有“爆发性”转变。新马氏体片不随温度下降均匀产生，而由于自触发效应连续成群地（呈“Z”字形）在很小温度范围内大量形成，马氏体形成时伴有20～30℃的温升	

2. 马氏体形态及内部亚结构的影响因素

钢中奥氏体可以转变成各种不同形态的马氏体。马氏体形态及内部亚结构的影响因素很多，最为重要的有以下几点：

(1) 化学成分的影响

母相奥氏体的化学成分是影响马氏体形态及其亚结构的主要因素，在奥氏体的化学成分中尤以碳含量的影响最大。在碳钢中，随着含碳量的增加，板条状马氏体逐渐减少，片状马氏体逐渐增加，如图 5-12 所示。当ω_c<0.3%时，主要是板条马氏体；当ω_c>1.0%时，主要是片状马氏体，碳含量介于两者之间则为板条马氏体与片状马氏体的混合组织；当ω_c<0.4%时，钢中基本没有残留奥氏体，M_S随碳含量的增高而下降，而孪晶马氏体量和残留奥氏体则随之升高。在Fe-Ni-C合金中，马氏体的形态及亚结构同样与含碳量有关。随含碳量增加，马氏体的形态由板条状往透镜片状及薄板状转化。

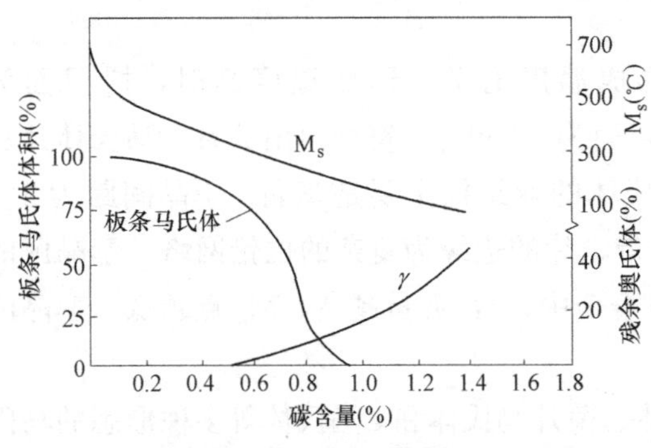

图 5-12　碳含量对M_s点、板条马氏体量和残余奥氏体的影响（碳钢淬至室温）

合金元素的影响：凡能缩小 γ 相区的均促使得到板条马氏体（如Cr、Mo、W、V等）；凡能扩大 γ 相区的，将促使马氏体形态从板条马氏体转化为片状马氏体（如C、N、Ni、Mn、Cu、Co等）；能显著降低奥氏体层错能的合金元素（如Mn），将促使转化为薄片状 ε 马氏体。

（2）马氏体形成温度

马氏体是在一定温度范围内形成的，随着 M_s 点的下降，其形态从板条状向片状转化。在Fe-C合金中，随着含碳量增加，M_s 降低，当低于某一温度（300～320℃）时，容易产生相变孪晶，因而便形成片状马氏体。

马氏体形态随 M_s 点的下降从板条状向片状转化的原因如下：低碳马氏体形成温度高，这时以切变量较大的 $\{111\}_\gamma$ 为惯习面，同时在较高的温度下滑移比孪生易于发生，此时亚结构为位错；随着 M_S 点温度降低，位错滑移变得越来越困难，孪生变得易于发生，同时以 $\{225\}_\gamma$ 或 $\{259\}_\gamma$ 为惯习面形成马氏体，由于晶系较多，形成马氏体的起始位向数增多，因此在同一奥氏体中易于形成互不平行的孪晶片状马氏体，亚结构转化为孪晶。同一合金在连续冷却过程中，可能会得到几种不同形态的马氏体混合组织。

（3）奥氏体的层错能

奥氏体层错能越低，越趋向于形成板条马氏体。如层错能很低的18-8型不锈钢在液氮温度下也能形成板条马氏体。

（4）奥氏体和马氏体的强度

研究表明，奥氏体和马氏体强度影响马氏体形态变化。当奥氏体和马氏体的屈服强度都比较低时，易于形成位错马氏体；当奥氏体和马氏体的屈服强度都很高时，易于形成孪晶马氏体。这是由于马氏体相变通过切边方式进行，而母相和新相的屈服强度影响切变过程。

（5）滑移和孪生变形的临界分切应力大小

马氏体内部亚结构取决于相变的变形方式是滑移还是孪生。因此滑移和孪生变形的临界分切应力大小控制着相变过程。在较高温度下，滑移变形的临界分切应力较小，易于形成位错马氏体；在较低温度下，孪生变形的临界分切应力较小，易于形成孪晶马氏体；两者相差不大时，则形成马氏体的混合组织。

5.1.4　马氏体转变的热力学

马氏体转变虽与其他类型转变有诸多不同，但其热力学本质不变，相变驱动力仍然是新旧两相的自由能之差小于零。

1. 马氏体转变热力学条件

根据相变的一般规律，要使相变得以进行，必须满足系统自由能 $\Delta G<0$。图5-13是奥氏体与马氏体自由能和温度的关系。图中 T_0 为两相热力学平衡温度，即温度为 T_0 时，$G_\gamma=G_{\alpha'}$。其中，G_γ 为奥氏体自由能，$G_{\alpha'}$ 为马氏体之自由能。在其他温度两相自由能不相等，则 $\Delta G_{\gamma\to\alpha'}=$

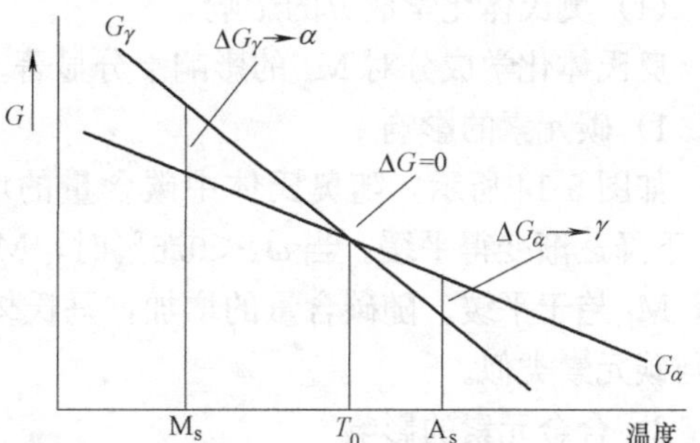

图5-13　奥氏体与马氏体的自由能和温度的关系

$G_{\alpha'}-G_{\gamma}$。

当$\Delta G_{\gamma\to\alpha'}>0$时，马氏体自由能高于奥氏体的自由能，奥氏体比马氏体稳定，不会发生奥氏体向马氏体转变；反之，当$\Delta G_{\gamma\to\alpha'}>0$时，则马氏体比奥氏体稳定，奥氏体有向马氏体转变的趋势，$\Delta G_{\gamma\to\alpha'}$即称为马氏体相变的驱动力。显然，在$T_0$温度处，$\Delta G_{\gamma\to\alpha'}=0$。马氏体转变开始点$M_s$必定在$T_0$以下，以便由过冷提供相变驱动力。而逆转变开始点$A_s$必然在$T_0$以上，以便由过热提供逆转变所需要的相变驱动力。

通常把M_s与T_0之差称为热滞，热滞的大小视合金的种类和成分而异。Au-Cd、Ag-Cd等合金的热滞仅十几度到几十度，而铁基合金热滞可高达200℃以上。一般的马氏体转变都需要在降温过程中不断进行，等温保持马氏体转变将立即中止。

马氏体相变阻力主要是新相形成时产生的界面能和应变能。由于马氏体和奥氏体之间存在着共格关系，相变过程界面能不大，不是相变的主要阻力。相变阻力主要来源于应变能。由于马氏体相变通过切变完成，需要克服切变阻力，同时在马氏体中的大量位错和孪晶等晶体缺陷导致能量升高，以及伴随着相变膨胀导致的邻近奥氏体组织的塑性变形，以上这些因素均使得马氏体相变阻力增大。因此马氏体转变的切变特征导致其相变过程的能量消耗很大，要满足相变条件$\Delta G_{\gamma\to\alpha'}<0$，就必须有较大的过冷度，以提供足够的相变区动力。

2. M_s点的意义

M_s点是马氏体转变的开始温度，其物理意义是母相与马氏体两相之间的自由能之差达到相变所需的最小驱动力时的温度。M_s点反映了使马氏体转变得以进行所需要的最小过冷度。

当奥氏体过冷到M_s点以下某个温度时，在形成一定量的马氏体后，切变阻力增加，使得相变驱动力与相变阻力逐渐趋近平衡，$\Delta G_{\gamma\to\alpha'}=0$，马氏体转变终止。此时继续降温，增大相变驱动力，以满足$\Delta G_{\gamma\to\alpha'}<0$，才能使得相变继续进行。因此马氏体转变是一个持续降温的过程。

在生产实践中，M_s点具有非常重要的意义。例如，分级淬火和双液淬火工艺的关键温度点控制都在M_s点附近。M_s点还决定着马氏体的亚结构和性能。中低碳钢的M_s点高，淬火后马氏体韧性较好；高碳钢的M_s点低，淬火后马氏体硬而脆，容易形成淬火裂纹。此外，M_s还影响着残余奥氏体的含量，这对于产品的力学性能和尺寸稳定性都具有重要意义。

3. M_s点的影响因素

（1）奥氏体化学成分的影响

奥氏体化学成分对M_s的影响十分显著，其中又以碳元素的影响最为显著。

1）碳元素的影响

如图5-14所示，随奥氏体中碳含量的增加，M_s和M_f均显著下降。随含碳量增加M_s下降逐渐变得平缓。当$\omega_c<0.6\%$时，M_f快速下降；当$\omega_c>0.6\%$时，M_f降至0℃以下，M_f趋于平缓。随碳含量的增加，马氏体转变的温度区间扩大。氮元素对M_s点的影响与碳元素类似。

2）合金元素的影响

钢中常见的合金元素，除Al和Co可以提高M_s外，其他合金元素均使M_s点降低，如图 5-15 所示。降低 M_s 点的元素，按其影响的强烈顺序排列为：Mn、Cr、Ni、Mo、Cu、W、V、Ti。钢中单独加入 Si 对 M_s 的影响不大，但是在 Ni-Cr 钢中 Si 可以降低钢的 M_s 点。

此外，合金元素的影响还与钢的含碳量有关。随着含碳量的增加，合金元素的影响增大。多种合金元素同时作用比单一合金元素的影响更为复杂。

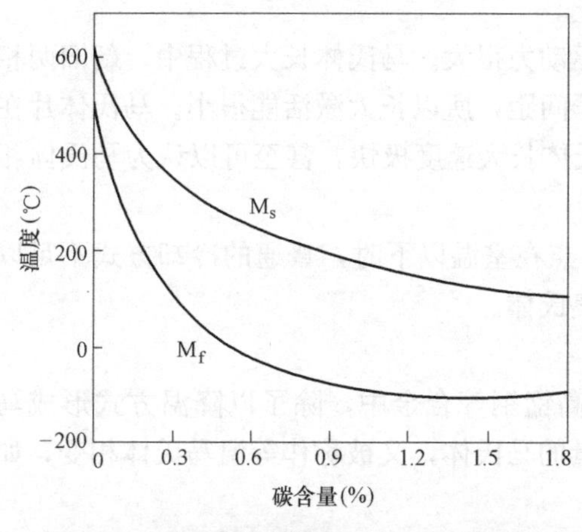

图 5-14　碳含量对碳钢 M_s 和 M_f 的影响

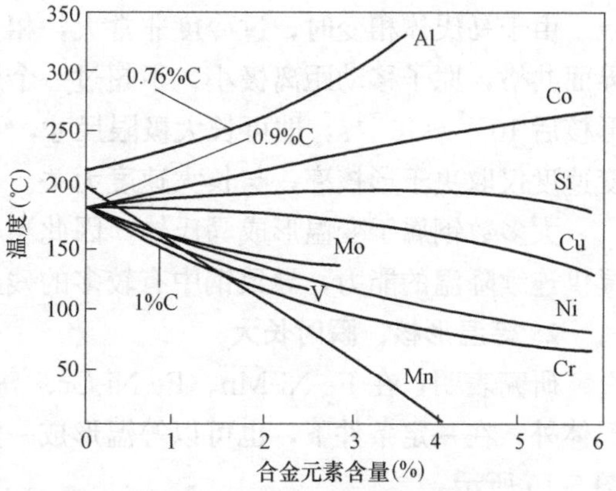

图 5-15　合金元素对 M_s 的影响

（2）奥氏体化的影响

加热温度和保温时间的影响较为复杂。加热温度高，保温时间长，有利于奥氏体的合金化，提高奥氏体的合金化程度，使 M_s 点下降；但是，温度高时间长，奥氏体晶粒粗大、晶体学缺陷减少，马氏体切变阻力减小，会导致 M_s 点的升高。

（3）冷却速度的影响

一般条件下，冷却速度对 M_s 点无影响。在高冷速淬火时，M_s 随冷却速度增大而升高。对碳钢来说，当 $V_{冷} < 6.6 \times 10^3$℃/s 时，M_s 没有变化；当 $V_{冷} > 15 \times 10^3$℃/s 时，M_s 也不再变化；而在 6.6×10^3℃/s$\leqslant V_{冷} \leqslant 15 \times 10^3$℃/s 范围内，$M_s$ 随 $V_{冷}$ 增加而升高。

（4）应力和塑性变形的影响

钢中的应力状态影响 M_s 点。实验发现，拉应力状态促进马氏体形成，M_s 点升高；多轴压应力状态抑制马氏体形成，M_s 点降低。这是由于马氏体比容大，相变时体积膨胀。拉应力有利于切变进行，而多轴压应力则增加了切变阻力。

在 M_s 点以上一定的温度范围内进行塑性变形会促使奥氏体发生马氏体转变，相当于塑性变形提高了 M_s 点。这种因形变而促成的马氏体成为形变诱发马氏体。少量的塑性变形能够促进马氏体转变，但是随着变形程度增加，奥氏体中的位错密度增加，强化了母相，反而会抑制马氏体形成。

5.1.5　马氏体转变动力学

马氏体转变也是形核和长大过程。马氏体的形核率和长大速度由相变动力学决定。实验证明，马氏体相变是非均匀形核。形核位置与母相中的位错、层错等晶体缺陷有关，缺陷位置能够提供形核所需的结构起伏和能力起伏。马氏体一旦形核，其生长速度极快。马氏体转变动力学比较复杂，按形核率的不同可分为以下几类：

1. 变温瞬时形核长大

变温瞬时形核长大是碳钢和低合金钢中最常见的一种马氏体转变。其动力学特点为：马氏体转变必须在连续不断的降温过程中才能进行，瞬时形核、瞬时长大。形核后以极大的速度长大到极限尺寸，相变时马氏体量的增加是由于降温过程中新的马氏体的形成，而不是已有马氏体的长大，等温停留转变立即停止。

由于马氏体相变时，过冷度非常大，相变驱动力很大。马氏体长大过程中，新旧两相界面共格，原子移动距离极小，不超过一个原子间距，所以长大激活能很小。马氏体片在形核后 10^{-7}～10^{-4}s，即可长大极限尺寸，马氏体长大速度极快，甚至可以认为马氏体相变速度仅取决于形核率，与长大速度无关。

大多数钢属于变温形成马氏体，因此当 M_f 点在室温以下时，普通的冷却方式不足以提供连续降温的能力，导致钢中有较多的残余奥氏体。

2. 等温形核、瞬时长大

研究表明，在 Fe-Ni-Mn、Fe-Ni-Cr、高碳高锰钢等合金中，除了以降温方式形成马氏体外，在一定条件下，也可以等温形成一定量的马氏体，又被称作等温马氏体相变，如图 5-16 所示。

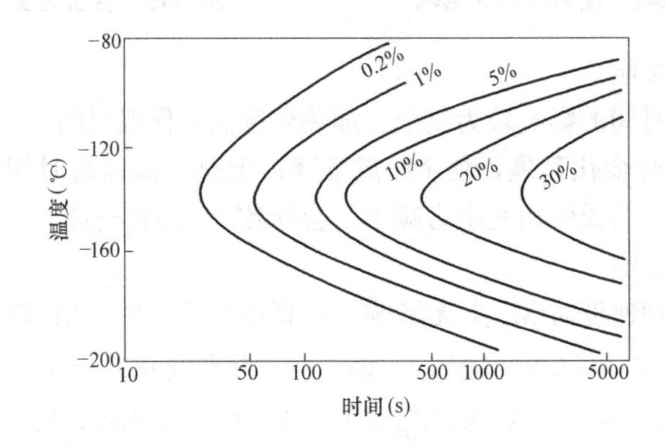

图 5-16　Fe-Ni-Mn 合金的马氏体等温转变曲线

等温马氏体相变的形核需要一定的孕育期，晶核可以等温形成，随过冷度增大，形核率先增大后减小，有极大值。这一转变过程符合一般的热激活形核规律。但是等温转变不能进行到底，转变到一定程度就停止了，只有部分奥氏体可以转变为马氏体。在等温转变过程中，随着相变的进行，马氏体转变引起的体积膨胀导致剩余的奥氏体进行切变的阻力增加。为了使得相变继续进行，必须降温以增大过冷度，增加相变驱动力。

与降温形成马氏体一样，等温马氏体形核后，每一片马氏体的长大速度也很快，且瞬间能够长大到极限尺寸。但等温状态下，马氏体的最终转变量可以依靠更多的形核来完成，不同温度下的转变速度差异主要由形核率决定，而与长大速度无关。

3. 自触发形核，瞬时长大

研究发现，M_s 点低于 0℃的某些合金（如 Fe-Ni 和 Fe-Ni-C 等），当冷却到 M_s 点以下某一温度 M_b 时，瞬间形成大量马氏体，也称为爆发型马氏体相变。相变过程伴有声音并释放大量的相变潜热，使得试样温度有一定的升高。爆发后，继续降低温度，呈现变温马氏体的转变特征。

爆发形成的马氏体有明显的中脊，显微组织呈现"Z"形。爆发式转变的形核为自触发形核，即第一片马氏体形成时，其尖端应力促使另一片马氏体形核长大，从而引起连锁反应。M_b 以上的局部变形等因素可以促使马氏体爆发，晶界则是连锁反应的障碍。因此，细晶粒材料中爆发转变量要受到限制，在同样的条件下，细晶粒钢的爆发量较少。一次完全的爆发大约需要 $10^{-4}\sim10^{-3}$s，爆发转变停止后，为了使相变继续进行，必须降低温度。

4. 表面马氏体

在稍高于 M_s 点的温度等温，往往会在试样表面层形成马氏体，而试样内部仍为奥氏体。这种形成于试样表面的马氏体，其组织形态、形成速度、晶体学特征都符合一般的马氏体特征。表面马氏体的形成是一种等温相变，其形核过程也有孕育期，但长大速度较慢。

马氏体相变伴随着体积膨胀，试样心部由此受到的多向应力导致后续的切变困难。而试样表面和心部的受力状态不同，表面层受到的周围约束少，马氏体相变更容易，所以相同条件下，表面的 M_s 点略高于心部。在稍高于 M_s 点的温度等温，只有表面产生马氏体。

5. 奥氏体的稳定化

奥氏体的稳定化是指奥氏体在外界因素的作用下，由于内部结构发生了某种变化，而使奥氏体向马氏体的转变呈现迟滞的现象。奥氏体的稳定化将容易使得淬火组织中产生更多的残余奥氏体，从而对材料性能产生一系列的影响。这就要求我们掌握奥氏体稳定化的规律，通过热处理工艺的调整来满足实际生产的需求。下面将从热稳定化和机械稳定化两个方面介绍奥氏体的稳定化。

（1）奥氏体的热稳定化

淬火冷却时，因缓慢冷却或在冷却过程中于某一温度等温停留，引起的奥氏体稳定性提高，而使马氏体转变迟滞的现象，称为奥氏体的热稳定化。如图 5-17 所示，当试样淬火冷却并在 T_A 温度停留一段时间后，继续冷却并没有立刻发生马氏体转变，而是待冷却至 M_s' 才重新启动相变。经历过奥氏体热稳定化之后，在同一温度 T_R，马氏体的转变量比未经稳定化处理的减少了 δ。通常用滞后温度间隔度 θ 或马氏体的减少量 δ 来表征奥氏体稳定化程度。θ 或 δ 数值越大，奥氏体稳定化程度越高。

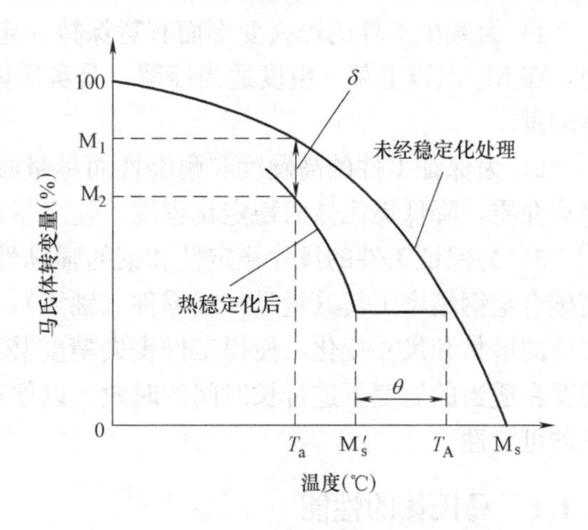

图 5-17　奥氏体的热稳定化示意图

奥氏体的热稳定化程度主要受钢的化学成分、等温温度、等温时间、已转变的马氏体量等因素的影响。

1）在相同条件下，钢中的含碳（氮）量越高，奥氏体稳定化程度越高。这是由于在等温停留过程中，奥氏体中的间隙碳（氮）原子在缺陷处聚集，与位错相互作用，形成了位错钉扎，强化了奥氏体，使相变的切变阻力增大。若再次启动相变，则需要更大的过冷度，来克服位错钉扎带来的切变阻力。将稳定化的过冷奥氏体加热到一定温度，由于原子的热运动增强，碳（氮）原子会脱离位错，使得稳定化作用下降甚至消失，这就是反稳定化。

2）在一定的温度下，等温保持的时间越长，则达到的奥氏体稳定化程度越高；等温温度越高，达到最大稳定化程度的时间越短。

3）稳定化程度随着已转变马氏体的量增多而增大。这是由于马氏体形成时对周围的奥氏体机械作用会增加相变阻力。

若等温停留时间较短，在 M_c 以下，等温温度越，淬火获得的马氏体量越少，即奥氏体热稳定化程度越高。

（2）奥氏体的机械稳定化

在 M_s 点以上的温度对奥氏体进行塑性变形，当变形量足够大时，将会抑制马氏体转变，使得 M_s 点降低，残余奥氏体量增多，这种现象称为奥氏体的机械稳定化。

研究表明，少量的塑性变形对马氏体转变有促进作用，只有在较大的变形情况下，才会起到稳定化作用。但变形温度越高，塑性变形量对奥氏体稳定化的影响就越小。塑性变形对马氏体转变之所以会产生两种完全相反的效应，是因为形变在奥氏体中造成了不同的缺陷组态。当变形量较小时，奥氏体中的层错增加，同时在晶界和孪晶处因生成的位错网和胞状结构而出现更多的应力集中部位，这种缺陷组态有利于马氏体的形核；当变形量达到一定程度，奥氏体中将形成大量的高密度位错区和亚晶界，使母相强化，从而引起奥氏体稳定化。

在热稳定化中，已形成的马氏体对周围奥氏体的机械作用会促进奥氏体的热稳定化，实质也是由于相变而造成未转变奥氏体的塑性变形所引起的机械稳定化的作用。从本质上看，两者都是因为马氏体转变的切变阻力增加造成的。

（3）奥氏体稳定化在生产中的应用

钢中的残余奥氏体数量、形态、分布和稳定性对材料的性能会产生一系列的影响。奥氏体的稳定化决定着残余奥氏体的数量和稳定性，因此生产中需要对其进行工艺控制。

1）为减少工件的淬火变形而有意保持一定量的残余奥氏体。例如，在分级淬火工艺中，在 M_s 点以上某一温度适当停留，是奥氏体发生一定的稳定化效果，以控制残余奥氏体的量。

2）为保证工件的高硬度和耐磨性而尽量减少残余奥氏体。例如，采用冷却速度快的淬火介质，降低奥氏体的稳定化程度，使之尽可能多的转化为马氏体。

3）为保证工件的尺寸稳定性和钢的强韧性而提高残余奥氏体的稳定性。例如，某些高碳合金钢精密工具（量具）或零件（轴承），在使用过程中由于残余奥氏体的分解造成工件的形状和尺寸变化，使得工件丧失精度甚至报废。为此，在完成常规的热处理之后，需要在适当的温度下进行长时间的时效，以便对残余奥氏体进行稳定化处理，使之降低转变的可能性。

5.1.6 马氏体的性能

钢件热处理强化后的性能与淬火马氏体的性能密切相关。掌握马氏体的性能及其影响因素，对于分析淬火钢的性能变化规律，设计或选用新的材料以及制定热处理工艺都有着重要意义。

1. 马氏体的硬度和强度

马氏体的高硬度和高强度是其最主要的特性。马氏体的硬度主要取决于间隙碳原子的过饱和固溶，其他金属类合金元素对马氏体硬度影响不大。

图 5-18 是碳含量对马氏体和淬火钢硬度的影响。图中曲线 3 是碳含量对马氏体硬度的影响。当 $\omega_c<0.4\%$时，马氏体硬度随着碳含量增加急剧上升；当 $\omega_c>0.6\%$时，随着碳含量增加，马氏体硬度的提高趋缓。曲线 1 和曲线 2 是不同温度淬火后钢的硬度。当 $\omega_c>0.7\%$时，淬火钢的硬度与马氏体的硬度变化趋势出现差异。随着碳含量的增加，曲线 1 的硬度不升反降，曲线 2 硬度变化不明显。曲线 1 是完全奥氏体化之后的淬火钢硬度曲线，当 $\omega_c>0.7\%$时，由于碳含量增加导致 M_s 点下降，残余奥氏体的含量急剧增加，淬火后硬度反而降低。曲线 2 的淬火加热温度在奥氏体和铁素体双相区，采用不完全奥氏体化方式控制了奥氏体中的碳含量，淬火后残余奥氏体的量相对较少，淬火钢硬度随着材料碳含量增加变化不大。

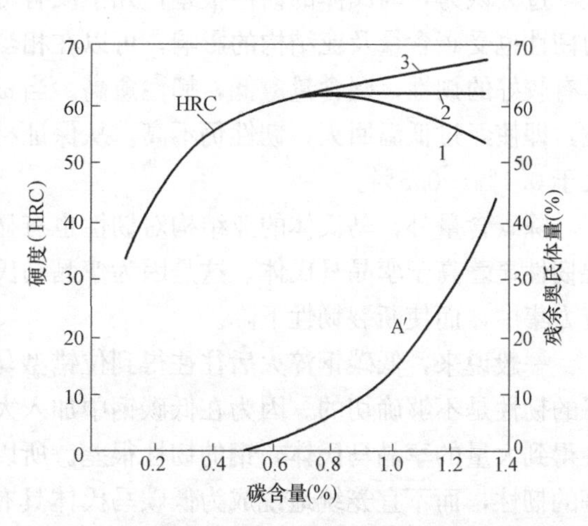

图 5-18 碳含量对马氏体和淬火钢硬度的影响

研究发现，钢的屈服强度也随着碳含量的增加而升高。马氏体之所以具有高的硬度和强度，一般认为是一下几个方面原因造成的：

(1) 固溶强化

固溶强化是最主要的影响因素。由于奥氏体具有很强的溶碳能力，马氏体相变的无扩散性，使得这些原本溶于奥氏体的碳原子被保留在了基体中。随着晶体结构的转变，碳原子的过饱和固溶使得 α 相晶格畸变，形成一个强烈的应力场。该应力场与位错发生交互作用，强烈阻碍位错运动，从而提高了马氏体的强度和硬度。马氏体中的碳含量越高，强化作用越明显。当碳的质量分数达到一定值时，强度的提高趋缓。合金元素在马氏体中以置换固溶的方式存在，对点阵畸变的影响远不如碳原子，故其固溶强化效果较小。

(2) 相变强化

马氏体相变的切变特性造成晶体内产生大量微观缺陷（位错、孪晶及层错等)，使得马氏体强化，此即相变强化。实验证明，无碳马氏体的屈服极限为 284MPa，这个值与形变强化铁素体的屈服极限很接近。而退火状态铁素体的屈服极限仅为 98～137MPa，也就是说，相变强化使强度提高了 147～186MPa。

(3) 时效强化

时效强化也是一个重要的强化因素。淬火钢经过一段时间的时效后，碳原子偏聚导致位错钉扎，使其难以移动，从而提高材料强度。碳的质量分数越大，马氏体基体的过饱和度越高，碳原子越容易发生偏聚。理论计算得出，马氏体在室温下只需要几分钟甚至几秒钟就可通过原子扩散而产生时效强化。时效温度在−60℃以上，就会发生碳原子偏聚现象，时效强化就可以进行。

(4) 细晶强化

原始奥氏体晶粒越小，马氏体板条群越细，马氏体强度越高，这是由于晶界阻碍位错运动引起的马氏体强化。但是对于强度已经很高的钢，通过细化奥氏体晶粒来提高强度的效果不是十分明显。

2. 马氏体的韧性

过去认为，马氏体的韧性很差，几乎没有可塑性，这种认识是片面的。实际上马氏体的韧性也受碳含量及亚结构的影响，可以在相当大的范围内变动。例如，位错型马氏体就具有较好的韧性，碳含量愈低，韧性愈高。当ω_c>0.4%时，马氏体韧性很低，变得硬而脆，即使经过低温回火，韧性仍不高。从保证材料韧性的角度考虑，马氏体的碳含量不宜大于0.4%～0.5%。

除碳含量外，马氏体的亚结构对韧性也有显著影响。当强度相同时，位错马氏体的断裂韧性显著高于孪晶马氏体。这是因为孪晶马氏体滑移系统少，位错不易运动，容易造成应力集中，而使断裂韧性下降。

一般说来，低碳钢淬火后往往得到位错型马氏体，但若认为低碳马氏体就一定具有良好的韧性是不够确切的。因为在低碳钢中加入大量的使M_s点降低的合金元素，淬火后也会得到大量的孪晶马氏体，钢的韧性很差。所以，确切地说，应该是位错型马氏体具有良好的韧性，而不宜笼统地说成为低碳马氏体具有良好的韧性。位错马氏体不仅韧性较好，而且还具有脆性转变温度低、缺口敏感性低等优点。

综上所述，马氏体的强度主要决定于它的碳含量及其组织结构（包括自回火时的时效强化），而马氏体的韧性主要决定于它的亚结构。低碳位错型马氏体具有较高的强度和较好的韧性。高碳的孪晶型马氏体具有很高的强度，但韧性很差。在进行马氏体强化的同时，保持其位错型的亚结构，这是一条重要的强韧化途径。

3. 马氏体的相变塑性

金属及合金在相变过程中塑性增加，往往在低于母相屈服极限的条件下发生了塑性变形，这种现象称为相变塑性。钢在马氏体相变时也会产生相变塑性现象，称为马氏体相变塑性。如工件淬火时进行热校直就是利用了马氏体的相变塑性。这些工艺都是在马氏体相变时加上外力，利用马氏体的相变塑性降低工件变形和开裂倾向。引发马氏体相变塑性的原因有：

(1) 马氏体形成时可缓解或松弛由塑性变形引起的局部应力集中，防止裂纹形成。即使形成裂纹也会由于马氏体相变使裂纹尖端应力集中得到松弛，从而抑制微裂纹扩展，提高塑性和断裂韧性。

(2) 由于塑性变形区有形变马氏体形成，随着形变量的增加，形变强化指数提高，变形抗力增加，导致已塑性变形区再发生塑性变形困难，使随后的变形发生在其他部位，提高了均匀塑性变形能力。

4. 马氏体的物理性能

在钢的各种组织中，马氏体与奥氏体比容差最大。当碳含量在0.2%～1.44%时，奥氏体的比容为0.12227cm^3/g，而马氏体的比容为0.12708～0.13061 cm^3/g。这是淬火时产生相变应力的主要原因。

奥氏体具有顺磁性，而马氏体具有铁磁性和高的矫顽力。马氏体的磁饱和强度因碳含量的增高而减小。前面的章节中介绍到，可以利用马氏体的铁磁性来测量马氏体转变量和残余奥氏体的含量。

马氏体的电阻率比珠光体大很多，稍高于奥氏体。随着碳含量增加，马氏体的电阻率增大。

5. 高碳片状马氏体的显微裂纹

高碳钢淬火时，容易在马氏体内部形成显微裂纹。研究表明，显微裂纹是由于马氏体形成时相互碰撞而产生的。由于马氏体形成速度极快，马氏体片之间的相互碰撞或与奥氏体晶界相撞时将引起相当大的应力场。而高碳马氏体很脆，不能通过塑性变形来消除应力，因此容易形成微裂纹。这种先天性的缺陷使高碳片状马氏体钢附加了脆性，在淬火应力（热应力和组织应力）作用下，显微裂纹很容易发展成宏观裂纹。这就是高碳钢淬火后容易开裂的原因。

5.2 贝氏体转变

过冷奥氏体冷却到珠光体和马氏体相变温度之间的中温区，会发生中温转变。1930年美国学者 E. C. Bain 及其合作者 E. S. Davenpor 首次观察到钢经中温区等温转变后相变产物的金相组织，后来人们把这种转变产物命名为贝氏体。1939 年 R. F. Mehl 又把在较高温度和较低温度形成的不同形态贝氏体分别称为上贝氏体和下贝氏体。贝氏体转变非常复杂，兼有珠光体转变和马氏体转变的部分特征，相变机理尚未明晰。由于贝氏体具有良好的综合力学性能，在实际生产中已经得到广泛应用。

5.2.1 贝氏体组织及力学性能

过冷奥氏体在珠光体转变和马氏体转变之间的中间温度范围内所发生的转变称贝氏体转变，其转变产物为贝氏体，又称贝茵体。贝氏体组织形态随钢的化学成分和形成温度而异，形貌复杂多样，主要有上贝氏体、下贝氏体、无碳贝氏体和粒状贝氏体。其中，下贝氏体具有优异的综合力学性能。

1. 贝氏体组织

贝氏体是由铁素体和碳化物构成的，其组织形态之间的差异主要来自铁素体形态及碳化物的析出状态。

（1）上贝氏体（$B_{上}$）

上贝氏体形成于珠光体转变区下方，中温区较高的温度范围内（350～550℃），由许多从奥氏体晶界向晶内平行生长的板条状铁素体和在相邻铁素体条间存在的不连续的、短杆状的渗碳体所组成，如图 5-19 所示。在中、高碳钢中，当贝氏体形成量不多时，在光学显微镜下可以观察到成束分布、平行排列的铁素体条，呈羽毛状，条间的渗碳体分辨不清。

上贝氏体形成时可以在光滑试样表面产生浮凸。上贝氏体中铁素体的形态与亚结构和板条马氏体相似。相邻的铁素体板条之间的位向差较小，不同束之间的位向差较大。其铁素体的亚结构是位错，密度约为 $10^8 \sim 10^9 cm^{-2}$，比板条马氏体低 2～3 个数量级。

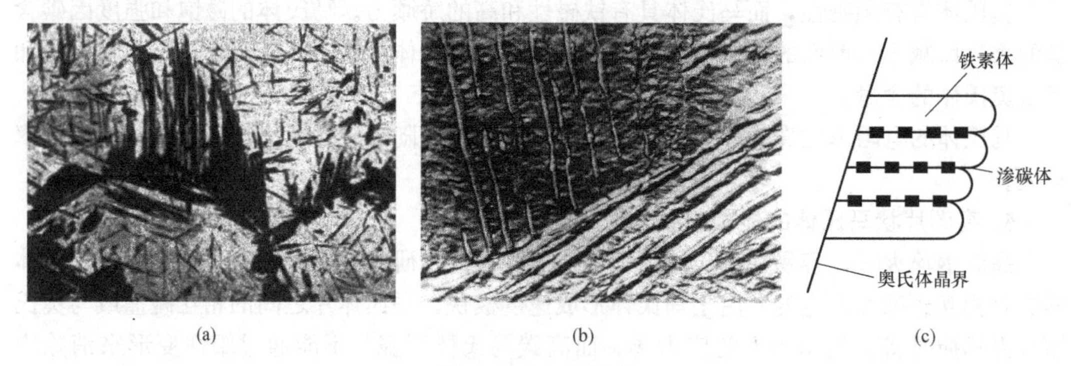

图 5-19 上贝氏体

(a) $B_上$ 组织（光学显微镜）；(b) $B_上$ 组织（电子显微镜）；(c) $B_上$ 组织示意图

随着碳含量的增加，上贝氏体中的铁素体条增多变薄，渗碳体数量增多，形态由粒状变为链珠状、短棒状直至断续条状。随着相变温度下降，铁素体条变细，板条内位错密度增加，渗碳体颗粒变小，弥散度增加。

(2) 下贝氏体（$B_下$）

下贝氏体形成于中温区较低的温度范围内（350℃～M_s）。典型的下贝氏体是由含过饱和碳的铁素体片及其内部沉淀析出的碳化物组成。与片状马氏体类似，下贝氏体中的铁素体空间形态呈双凸透镜状，金相试样在光学显微镜下呈针状或片状，各片之间有一定的交角，如图 5-20 所示。下贝氏体可以在奥氏体晶界上形成，但更多的是在奥氏体晶粒内部形成。下贝氏体中的碳化物比上贝氏体更为细小、弥散，呈颗粒状或短条状分布在铁素体内部，沿着与铁素体长轴成 55°～60°取向平行排列。

由于它们都是由过饱和铁素体及其内部的细小碳化物构成，呈黑色针片状，组织细小、形态相似，因为在光镜下很难分辨下贝氏体和回火马氏体。但下贝氏体中碳化物有固定取向，平行排列，而回火马氏体中的碳化物则不具备这一特征，因此在高倍电镜下可以将其区分。

下贝氏体形成时，光滑试样表面会产生浮凸。下贝氏体中铁素体的亚结构也是位错，因为形成温度更低，位错密度比上贝氏体中的铁素体要高。

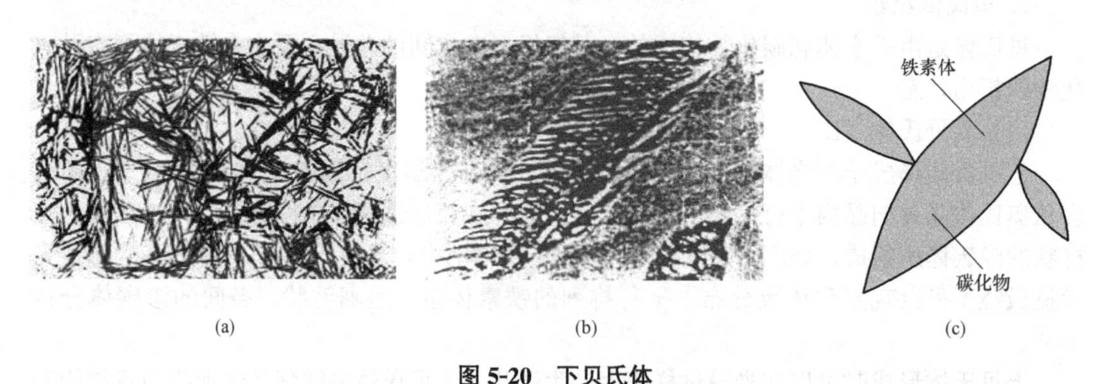

图 5-20 下贝氏体

(a) $B_下$ 组织（光学显微镜）；(b) $B_下$ 组织（电子显微镜）；(c) $B_下$ 组织示意图

（3）无碳化物贝氏体

无碳化物贝氏体在低碳低合金钢中出现概率较多，是在贝氏体相变区最高温度范围内形成的。当上贝氏体组织中只有贝氏体铁素体和残留奥氏体而不存在碳化物时，称其为无碳化物贝氏体。无碳化物贝氏体中的铁素体片条大多平行排列，其尺寸及间距较宽，片条间是富碳奥氏体，或其冷却过程的转变产物。无碳化物贝氏体形成时也可以产生表面浮凸，其铁素体条内存在着一定量的位错。

（4）粒状贝氏体

中、低碳合金钢在奥氏体后，以一定的速度冷却或在上贝氏体转变区的高温范围等温，可以得到粒状贝氏体。粒状贝氏体中的铁素体呈不规则块状，铁素体内分布着不连续粒状或岛状物。这些岛状物在高温下原本是富碳的奥氏体区，在随后的冷却中这些粒状或岛状的奥氏体可能分解成铁素体和碳化物的混合物，可能转变为马氏体，也可能作为残余奥氏体保留下来。大多数结构钢，不管是连续冷却还是等温冷却，只要转变过程控制在一定的温度范围内，都可以形成粒状贝氏体。

2. 贝氏体的力学性能

在以上常见的集中贝氏体组织中，上贝氏体的强度低、韧性差，下贝氏体的强韧性都比较好。

上贝氏体形成温度高，其铁素体板条较宽，碳的过饱和度低，塑性变形抗力低，因此强度和硬度都比较低。另外，上贝氏体中的碳化物粗大，呈短杆状断续分布在铁素体片之间，不仅铁素体和碳化物都具有明显的方向性，这使得铁素体条间易于产生脆断，而且铁素体条也可能成为裂纹扩展的路径，所以其冲击韧性也不高。形成温度越高的上贝氏体，力学性能越差，在实际生产中，应尽量避免上贝氏体组织的产生。

下贝氏体中的铁素体碳过饱和度高、位错密度高，且又有大量细小、弥散的碳化物均匀分布在高强度的铁素体中，具有良好的强度和韧性，缺口敏感度和脆性转变温度都很低，综合性能优异，在生产中已经广泛应用。

（1）贝氏体强度的影响因素

1）贝氏体铁素体条（片）的大小

晶粒大小与材料屈服强度之间的关系通常可以用Hall-Petch关系式来计算。将贝氏体铁素体条（片）的大小看作是贝氏体的晶粒尺寸，则贝氏体铁素体的晶粒直径越细小，其强度和硬度越高，塑性和韧性也会相应提高，如图5-21所示。

贝氏体铁素体条（片）的大小主要取决于贝氏体的形成温度。形成温度越低，贝氏体铁素体条（片）的直径越小，强度就越高。

2）碳化物形态及分布

上贝氏体中碳化物颗粒较粗，分布极不均匀，且分布在铁素条间，容易形成裂纹。在相同碳含量的条件下，下贝氏体由于形成温度更

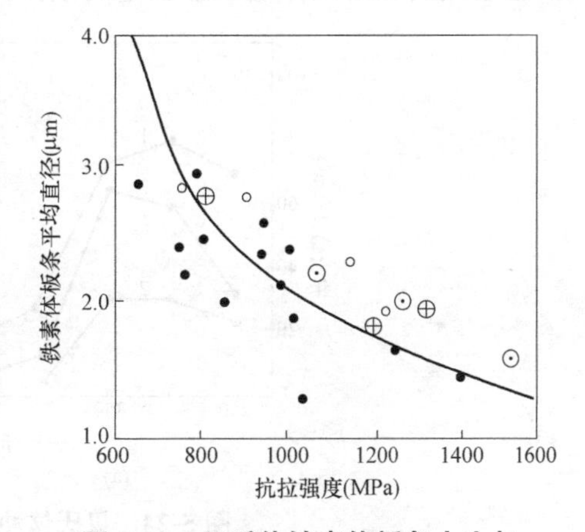

图5-21　贝氏体铁素体板条大小与抗拉强度之间的关系

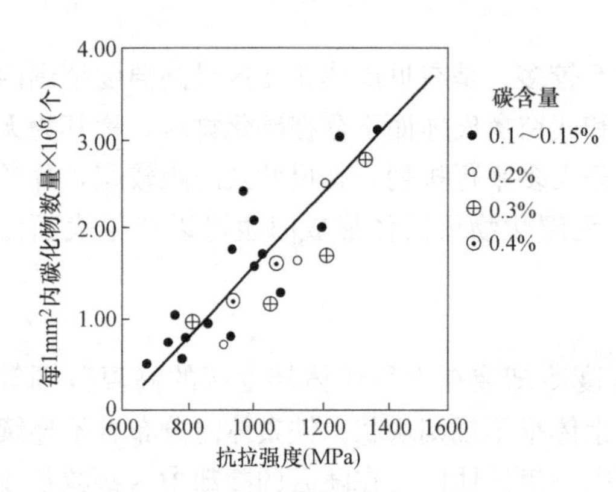

图 5-22 贝氏体中碳化物分布与抗拉强度之间的关系

低，碳化物颗粒尺寸更小，弥散度更高，分布也更均匀。从图 5-22 可以看出碳化物的弥散度与贝氏体强度存在正比关系。

3）其他因素的强化作用

贝氏体铁素体晶粒的细晶强化和碳化物的弥散强化是贝氏体强度的主要影响因素。碳和合金元素的固溶强化以及位错亚结构的强化，也有一定的作用。但是由于碳在贝氏体中的过饱和度远低于马氏体，所以其强化效果也相应小得多。贝氏体形成时，随着转变温度降低，贝氏体铁素体中的位错密度不断增大，高密度位错（密度低于马氏体）的存在，也对贝氏体强度有一定的贡献。

综上所述，影响贝氏体强度的几种因素都与贝氏体形成温度有关，形成温度影响着贝氏体铁素体的大小和固溶碳的过饱和度，影响着碳化物的形态、大小及分布。如图 5-23 所示，随形成温度降低，贝氏体强度增高。

(2) 贝氏体韧性的影响因素

图 5-24 描述了不同成分、不同等温时间下的贝氏体冲击韧性与形成温度之间的关系。350℃以下等温，形成的主要是下贝氏体组织，其韧性优于较高温度形成的上贝氏体。随着形成温度的降低，贝氏体的强度逐渐增加，但韧性并不降低，反而大幅上升。这是贝氏体组织力学性能变化的重要特点，也是人们对贝氏体组织感兴趣的主要原因。

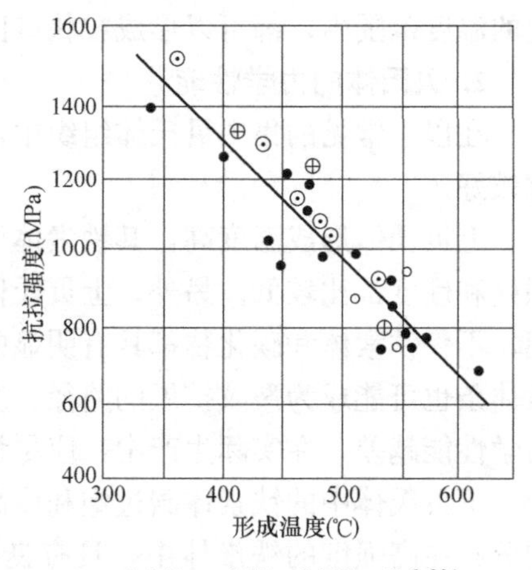

图 5-23 碳素钢贝氏体的抗拉强度与形成温度之间的关系

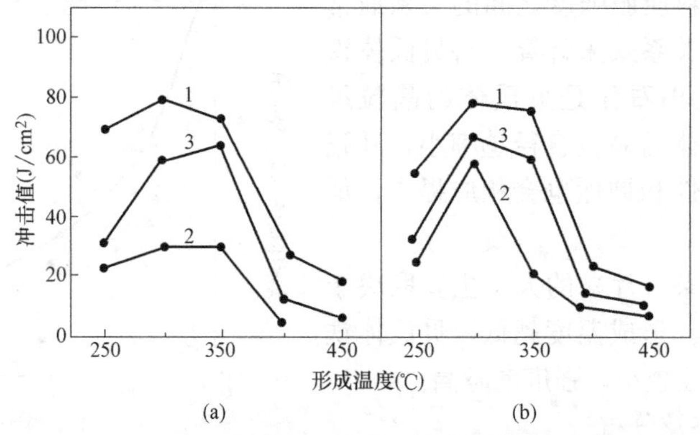

图 5-24 贝氏体冲击值与形成温度的关系

(a) 等温保持 30min；(b) 等温保持 60min

1—0.27%C，1.02%Si，1.00%Mn，0.98%Cr；2—0.40%C，1.10%Si，1.21%Mn，1.62%Cr；3—0.42%C，1.14%Si，1.04%Mn，0.96%Cr

贝氏体韧性的主要影响因素如下：

1）铁素体板条

贝氏体铁素体板条厚度和板条束直径的大小相关。板条厚度增加，板条束直径增大。板条束直径大小对韧脆转变温度的影响可以理解为对断裂解理小平面的影响。解理断面就是有一系列的解理小平面组成。材料在韧断转变为脆断时，裂纹的传播就会沿着这些小平面进行。而板条束直径的增大相当于解理小平面变大，解理小平面的变大使得裂纹扩展更容易，由此导致冲击韧性变差。上贝氏体中的铁素体板条束直径一般都比下贝氏体大，而且上贝氏体中的板条之间的位向差很小，这样就使得上贝氏体的冲击韧性远远低于下贝氏体。

2）碳化物形态及分布

350℃以上，组织中大部分是上贝氏体，断续杆状渗碳体分布在铁素体条间。由于上贝氏体中的铁素体和渗碳体尺寸都比较大，而且具有明显的方向性。应力作用下，铁素体和渗碳体界面处在容易形成裂纹源，并沿着板条间迅速扩展。而下贝氏体的碳化物细小均匀，弥散分布于铁素体基体上，同样的应力作用下难以形成裂纹。一旦有裂纹出现，其扩展也将被弥散的碳化物颗粒和高密度位错阻止。因此，下贝氏体有较高的冲击韧性和较低的韧脆转变温度。

3）其他因素对冲击韧性的影响

细化奥氏体晶粒可以使铁素体板条厚度和板条束直径减小，有利于冲击韧性的提高。但对于下贝氏体来说，其铁素体尺寸本来就比较小，因而奥氏体晶粒对冲击韧性的影响没有上贝氏体那么明显。

在粒状贝氏体中，岛状物组成主要为残余奥氏体时，有利于提高贝氏体的冲击韧性。但岛状物的存在，无论其相组成如何，都会使得韧脆转变温度升高。这是因为岛状物中的马氏体或由残余奥氏体在冷至低温后形成的马氏体都是高碳孪晶型，容易导致裂纹的萌生和扩展。

5.2.2 贝氏体转变基本特征

过冷奥氏体中温转变区的贝氏体相变兼有马氏体转变和珠光体转变的特点。

1. 贝氏体转变温度

贝氏体转变是在一个温度范围内形成的，上限温度为 B_s，下限温度为 B_f。过冷奥氏体在此区间才能够形成贝氏体。B_f 点可以在 M_s 点以上，也可以在 M_s 点以下。B_f 低于 M_s 点的合金，在 M_s 点以下等温，也能获得贝氏体。

2. 贝氏体转变的不完全性

与马氏体转变类似，即使冷却至 B_f，贝氏体转变也不能进行完全，在形成一部分贝氏体后，转变就会停下来，会有奥氏体残留，即奥氏体不能完全转变为贝氏体。

3. 贝氏体转变的半扩散性

贝氏体是由单相过冷奥氏体转变为铁素体和碳化物两相，转变过程必然存在着碳原子的扩散。实验结果表明，贝氏体转变时，奥氏体的碳含量发生了变化，而合金元素的分布并没有发生改变。这表明其转变过程，主要是由间隙碳原子的扩散完成，而合金元素，包括铁原子在内，无长程扩散。这就是贝氏体转变的半扩散性。

4. 贝氏体转变的晶体学特征

由于相变过程中，铁原子不发生长程扩散，结构转变是以切变的方式进行，新相和母相存在一定的晶体学位向关系。与马氏体转变类似，其转变过程同样会造成光滑试样的表面浮凸，

5. 贝氏体转变产物

珠光体和贝氏体都是由铁素体和渗碳体两相构成。但是珠光体中的铁素体是平衡态的，贝氏体中的铁素体则存在着一定的过饱和度，这一点却与马氏体类似。珠光体中两相比例固定，而在贝氏体中，两相比例随温度而变化。珠光体中的碳化物是渗碳体，主要分布在铁素体片间，温度变化只改变了片间距；贝氏体中的碳化物可能在铁素体片间，也可能在铁素体基体上，形态可能是断续棒状，也可能是弥散粒状，可能是渗碳体，也可能是 ε 碳化物。总之，贝氏体随形成温度而复杂多变。

5.2.3 贝氏体转变的热力学条件及转变过程

1. 贝氏体相变的热力学条件

贝氏体转变也是形核和长大的过程，必须满足一定的热力学条件。贝氏体转变属于切变共格，同时伴随碳原子的扩散。贝氏体在形成时所消耗的能量，除了有新相表面能外，还有母相与转变产物之间因比容不同而产生的应变能和维持两相共格的弹性应变能。与马氏体相比，贝氏体转变的相变驱动力较大，而弹性应变能较小。因为贝氏体转变过程中，碳的扩散降低了铁素体中的过饱和度，铁素体的体系自由能降低，相变驱动力增大。同时由于碳的析出，使得奥氏体和贝氏体之间的比容差减小，由相变时体积变化带来的弹性应变能减小。所以从相变热力学上看，贝氏体的转变开始温度应该高于 M_s 点。

由于贝氏体中的铁素体存在着过饱和度，新相与母相之间的弹性应变能比珠光体转变大，因为需要更大的过冷度，即贝氏体转变在珠光体转变温度之下发生。

2. 贝氏体的形成过程

关于贝氏体的形成机制，尚未完全明晰。20 世纪 50 年代初，当时在英国伯明翰大学任教的中国学者柯俊及其合作者英国学者 S. A. Cottrell 首次研究了钢中贝氏体转变的本质，提出了切变机制。理论认为，当贝氏体转变时，贝氏体铁素体在以切变共格方式长大的同时，还伴随着碳原子的扩散及碳化物从基体中的析出，贝氏体转变的速度主要由碳的扩散决定。

(1) 无碳化物贝氏体的形成

在贝氏体转变的高温范围，碳的扩散能力强。如图 5-25 (a) 所示，在奥氏体晶粒中，当一个条状铁素体形核并长大时，碳原子通过界面很快扩散进入到奥氏体中，使得碳原子不至于聚集在界面附近形成碳化物。这样就形成了由板条状铁素体和富碳奥氏体构成的无碳化物贝氏体。如果条状铁素体继续长大至彼此汇合时，剩下的岛状富碳奥氏体被铁素体包围，沿铁素体板条间呈断续分布，这就形成了粒状贝氏体的雏形。

(2) 上贝氏体的形成

在 350～550℃的中间温度范围内转变时，转变初期与高温范围的转变基本一样。如图 5-25 (b) 所示，铁素体首先在奥氏体晶界处形核并成排向晶内长大。但此时的温度比较低，碳在奥氏体中的扩散已变得困难。通过界面由贝氏体铁素体扩散进入奥氏体中的碳

原子已不可能进一步向奥氏体纵深扩散，于是碳原子在相界面处逐渐富集。当碳浓度达到一定程度时，将在条状铁素体间析出渗碳体。由于碳原子的扩散能力有限，导致碳的析出量有限，得到的渗碳体是不连续的，金相显微镜下呈现最为典型的羽毛状。转变温度越低，析出的碳越少，得到的碳化物就越细小，而铁素体条也越窄。

(3) 下贝氏体的形成

当过冷奥氏在 350℃以下进行等温转变时，铁素体首先在奥氏体晶界或晶内贫碳区形核，并按照共格切变方式长大为凸透镜状，如图 5-25（c）所示。由于形成温度低，碳在奥氏体中已经不能扩散，而在铁素体中尚具备一定的扩散能力。初期形成的碳难以扩散到相界面，只能在铁素体内部沿着一定的晶面或亚晶界析出。由于碳的短程扩散，碳化物的析出都是在一个很小区域内的富集，其余的碳原子则留在了基体内，导致了铁素体的过饱和固溶。随着形成温度降低，得到的碳化物尺寸越来越小，弥散度越来越高。

对于贝氏体的形成理论，美国学者 H. I. Aaronson 则提出了台阶长大机制。徐祖耀等人的研究结果证实了贝氏体铁素体长大台阶的存在。该理论认为，在相变过程中，碳原子、铁原子均存在扩散，贝氏体是过冷奥氏体的非层片状共析产物。贝氏体中的铁素体是通过台阶激发形核和台阶长大机制进行的，长大过程受碳原子扩散控制。台阶的台面是共格或者半共格，而阶面是非共格的。贝氏体中的碳化物在奥氏体和铁素体晶界上形核并向奥氏体内部长大。

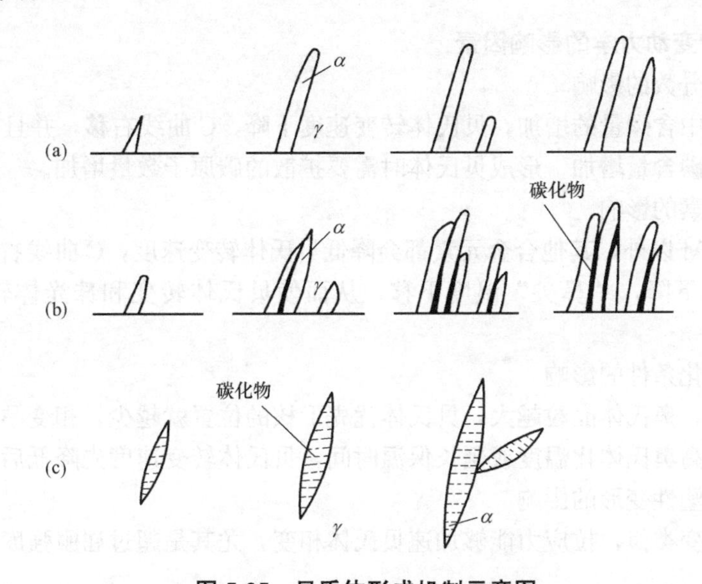

图 5-25　贝氏体形成机制示意图

(a) 无碳化物贝氏体；(b) 上贝氏体；(c) 下贝氏体

5.2.4　贝氏体转变动力学

相变动力学可以为热处理工艺设计提供依据，具有很强的应用价值。就贝氏体转变而言，一般具有如下特征：与马氏体长大速度相比，贝氏体转变速度较慢，长大过程受碳原子扩散的影响；在很多合金钢中，贝氏体转变的 C 曲线与珠光体分开，并形成河湾区；贝氏体相变有一个明显的上限 B_s 点，在此温度等温，奥氏体不能全部转化为贝氏体。

1. 贝氏体等温转变动力学图

与珠光体一样，贝氏体的等温转变动力学图也呈“C”字形，也存在C曲线的“鼻子”。由图5-26可以看出，碳钢的贝氏体转变和珠光体转变的C曲线重叠在一起。在图5-27中，合金钢的贝氏体转变和珠光体转变的C曲线已经分开。在B_s点以上，贝氏体转变不会发生。B_s点以下，随着温度的降低，贝氏体转变速度先增加后减小。在“鼻尖”处，孕育期最短，相变速度最快。

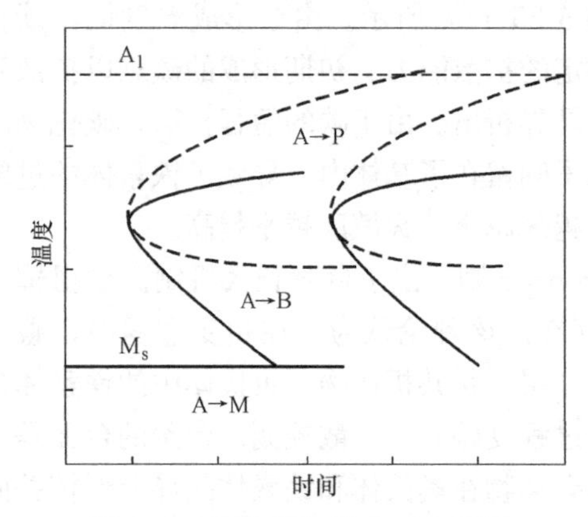

图5-26 碳钢等温转变动力学图

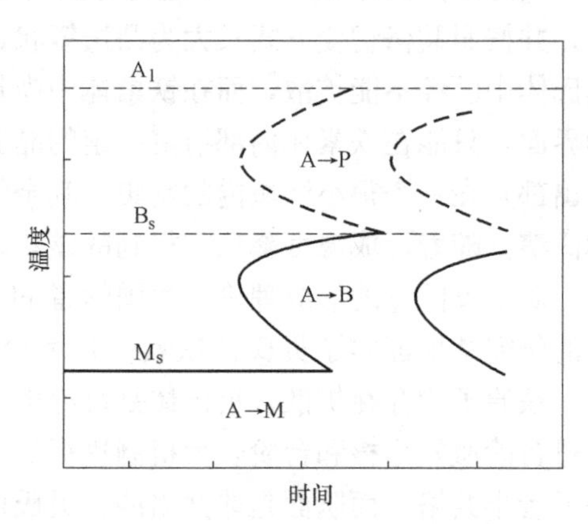

图5-27 合金钢等温转变动力学图

2. 贝氏体转变动力学的影响因素

(1) 碳质量分数的影响

随着奥氏体中含碳量的增加，贝氏体转变速度下降，C曲线右移，并且“鼻尖”温度下降。这是由于碳含量增加，形成贝氏体时需要扩散的碳原子数量增加。

(2) 合金元素的影响

除了Co和Al以外，其他合金元素都会降低贝氏体转变速度，C曲线右移，同时贝氏体转变温度范围下降，“鼻尖”温度下移，从而使贝氏体转变和珠光体转变的C曲线分开。

(3) 奥氏体化条件的影响

通常情况下，奥氏体晶粒越大，贝氏体优先形核的位置就越少，相变孕育期增长，相变速度减缓。提高奥氏体化温度或延长保温时间，贝氏体转变速度先降低后升高。

(4) 应力与塑性变形的影响

与马氏体相变类似，拉应力能够加速贝氏体相变，尤其是超过屈服强度时，效果更为明显。

当塑性变形增加晶体缺陷时，有利于碳的扩散，加速贝氏体转变；当塑性变形大量破坏奥氏体晶粒的取向，使得切变共格变得更困难时，将延缓贝氏体转变。因此，在中温区(300～600℃)的塑性变形可以加速相变，细化贝氏体铁素体。

(5) 过冷奥氏体在不同温度下停留的影响

冷却时，在不同温度下停留，对贝氏体转变动力学的影响可以分为以下三种情况讨论：

1) 如图5-28曲线1，过冷奥氏体在珠光体区和贝氏体区之间停留，会加速贝氏体转变。这是由于等温停留过程中，碳化物的析出降低了奥氏体的稳定性。

2）如图5-28曲线2，过冷奥氏体在贝氏体转变温度的高温区停留，形成部分上贝氏体后，再降温至低温区域，则贝氏体转变速度变慢。这是因为先形成的贝氏体增加了未转变过冷奥氏体的稳定性。

3）如图5-28曲线3，先冷却至低温，形成少量马氏体或贝氏体，再升高温度，会加速贝氏体转变。这是由于前期的马氏体相变使得过冷奥氏体产生了应变，诱发了贝氏体形核，加速了贝氏体形成。

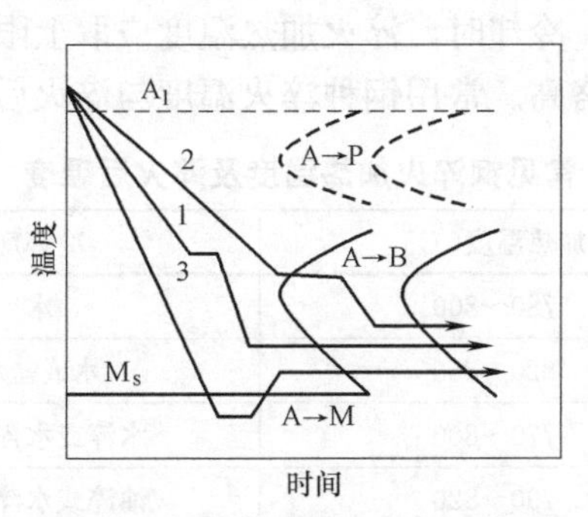

图5-28 过冷奥氏体在不同温度下停留对贝氏体转变的影响

5.3 钢的淬火

淬火是钢的最重要、最有效的强化方法。它是一种复杂的热处理工艺，又是决定产品质量的关键工序之一。

5.3.1 淬火的基本概念与工艺方法

1. 淬火概念

将钢加热到相变温度以上，保温一定时间，然后快速冷却以获得马氏体或下贝氏体（B下）组织的热处理工艺称为淬火。

2. 淬火目的和应用

目的就是获得马氏体，再通过和回火相配合，使各种零件、刃具、模具和量具等得到高硬度、高耐磨性；使弹性元件获得弹性；使重要的结构件、模具等获得高强度等。

3. 淬火工艺

（1）加热温度

亚共析钢：Ac_3＋（30～50℃）；过共析钢：Ac_1＋（30～50℃），如图5-29所示。

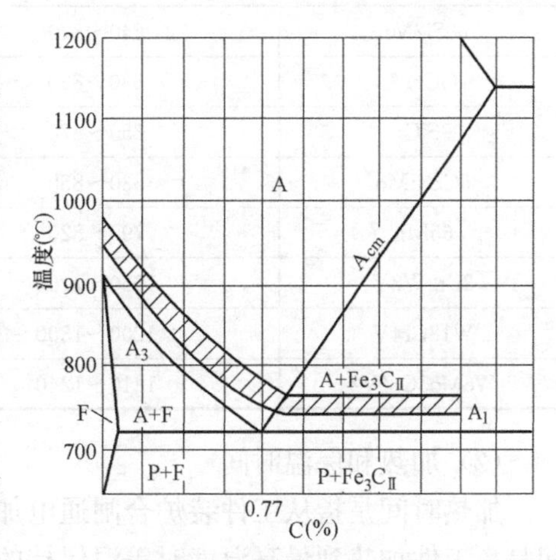

图5-29 碳钢淬火温度范围

亚共析钢加热到Ac_3以下时，淬火组织中会保留自由铁素体，使钢的硬度降低。过共析钢加热到Ac_1以上两相区时，组织中会保留少量二次渗碳体，而有利于钢的硬度和耐磨性，并且，由于降低了奥氏体中的碳质量分数，可以改变马氏体的形态，从而降低马氏体的脆性。此外，还可减少淬火后残余奥氏体的量。若淬火温度太高，会形成粗大的马氏体，使机械性能恶化；同时也增大淬火应力，使变形和开裂倾向增大。

合金钢淬火加热温度适当提高。空气炉中加热比盐浴炉中加热温度适当提高 10～30℃，真空炉加热可取淬火温度下限；形状复杂、截面变化大、易变形开裂的工件，一般可选择淬火加热温度下限；低碳钢及中碳钢淬火可略高于淬火加热温度上限；采用冷速较慢的淬火介质（油、硝盐等）冷却时，淬火加热温度应取上限。等温淬火和分级淬火一般取淬火加热温度范围上限或略高。常用钢种淬火温度与淬火后的硬度见表 5-2。

常见钢淬火加热温度及淬火后硬度 **表 5-2**

钢号	加热温度(℃)	冷却剂	淬火后硬度(≥HRC)
15,20(渗碳后)	780～800	水	59
45	820～850	水或盐水	50
T7～T12	770～800	水淬或水淬油冷	60
20Cr(渗碳后)	790～820	油淬或水淬油冷	55
20CrMnTi(渗碳后)	850～870 允许渗碳后直接淬火	油	55
38CrMoAlA(渗氮后)	930～950	油	55
40Cr	840～860	油淬或水淬油冷	50
40MnVB	830～850	油	45
40CrMnMo	850～870	油	52
35CrMoSiA	880～900	油	45
35CrMo	830～860	油	45
42CrMo	840～860	油	45
50CrVA	850～870	油	52
CrWMn	830～850	硝盐	60
	820～840	油	60
60Si2Mn	840～870	油	60
GCr15	830～850	油	60
9SiCr	850～870	油、硝盐	60
5CrNiMo	830～850	油	52
65Mn	790～820	油	55
3Cr2W8V	1050～1100	油	50
W18Cr4V	1200～1300	油或熔盐	63
W6Mo5Cr4V2	1210～1240	油或熔盐	63

(2) 加热和保温时间

加热时间是指从工件装炉合闸通电加热起至出炉的整个加热过程保持的时间。保温时间是指工件加热到最高温度时等温保持的时间。加热时间包含保温时间。

加热时间与工件的有效厚度、钢种、装炉方式、装炉量、装炉温度、加热炉种类等因素有关。工件加热时间可按下列公式计算：

$$\tau = K\alpha D \tag{5-1}$$

式中 τ——加热时间(min);

K——反映装炉时的修正系数,通常在1.0~1.3范围内选取;

α——加热系数(min/mm),加热系数α可根据钢种与加热介质和温度参照表5-3选取;

D——工件有效厚度(mm)(圆棒形工件以直径计算;扁平工件以厚度计算;实心圆锥体按离大端1/3高度处的直径计算;阶梯轴或截面有突变的工件,按较大直径或较大截面计算;当工件形状较复杂时,应以工件的主要部分有效厚度计算;垫圈类工件:$H \leqslant 1.5(D-d)/2$时,以H为有效厚度。H为工件的高度或厚度;D为工件的外径;d为工件的内径)。

加热系数 α 的选用 **表 5-3**

加热设备	加热系数 α			
	碳素钢	合金钢	高合金钢	铸铁
500~650℃箱式电炉预热			1~1.5 min/mm	
780~900℃盐浴炉加热或预热	15~20s/mm	20~25s/mm	20~30s/mm	40~50s/mm
1000~1050℃高温盐浴炉加热			20~25s/mm(需经预热)	
1200~1300℃盐浴炉加热			8~15s/mm(需经预热)	
780~900℃ 箱式或井式电炉加热	0.7~0.8 min/mm	0.9~1.0 min/mm		2~3min/mm
960~980℃盐浴炉快速加热	齿轮、蜗杆:6~12s/mm;一般工件:4~8s/mm			

5.3.2 淬火介质

淬火冷却是决定淬火质量的关键,为了使工件获得马氏体组织,淬火冷却速度必须大于临界冷却速度$V_{临}$,而快冷又会产生很大的淬火应力,导致钢件的变形与开裂。因此,淬火工艺中最重要的一个问题是既能获得马氏体组织,又要减小变形、防止开裂。冷速不能过大又不能过小,理想的冷却速度应是如图5-30所示的速度,但目前为止还没有找到十分理想的冷却介质能符合这一理想的冷却速度的要求。为此,合理选择冷却介质和冷却方法是十分重要的。常用的冷却介质:

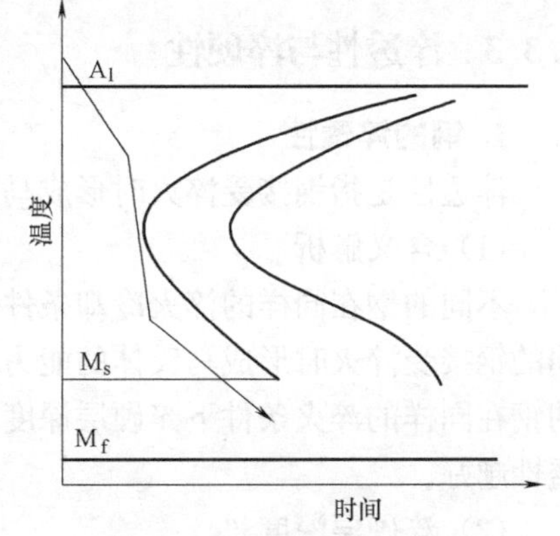

图 5-30 理想淬火冷却曲线

1. 水

水在550~650℃范围内具有很大的冷却速度(>600℃/s),可防止珠光体的转变,但在200~300℃时冷却速度仍很快(约为270℃/s),这时正发生马氏体转变,如此高的冷速,必然会引起淬火钢的变形和开裂。提高水温又容易发生珠光体转变,所以淬火用水的温度控制在30℃以下。水在生产上主要用于形状简单、截面较大的碳钢零件的淬火。

2. 盐水和碱水

在水中加入10%的盐（NaCl）或碱（NaOH），可将550～650℃范围内的冷却速度提高到1100℃/s以上，但在200～300℃范围内冷却速度基本不变，由于冷却能力强，工业上常用盐水作为大批量、形状简单碳钢件的淬火冷却介质。

3. 矿物质油

机油和柴油等也是工业上应用非常普遍的淬火介质，其优点是在200～300℃范围冷却能力低（约为20℃/s），有利于减少工件的变形开裂倾向；缺点是在550～650℃范围冷却能力较低（约为150℃/s），不利于钢的淬硬，所以一般用作淬透性好的合金钢的淬火介质。

4. 碱浴和硝盐浴

这些介质主要用于分级淬火和等温淬火。其特点是沸点高，冷却能力介于水和油之间。常用于处理形状复杂、尺寸较小、变形要求严格的工具等。常用碱浴、硝盐浴的成分、熔点及使用温度见表5-4。

常用碱浴、硝盐浴的成分、熔点及使用温度　　表5-4

熔盐	成分	熔点(℃)	使用温度(℃)
碱浴	80%KOH+NaOH+6%H_2O	130	140～250
硝盐	55%KNO_3+45%$NaNO_2$	137	150～500
硝盐	55%KNO_3+45%$NaNO_3$	218	230～550
中性盐	30%KCl+20%NaCl+50%$BaCl_2$	560	580～800

5. 其他淬火介质

其他淬火介质还有聚乙烯醇水溶液（浓度为0.1%～0.3%）和三硝水溶液（25%$NaNO_3$+20%KNO_3+20%$NaNO_2$+35%H_2O）等，它们的冷却能力介于水与油之间，适用于油淬不硬，而水淬开裂的碳钢零件。也适用于表面淬火零件。

5.3.3 淬透性与淬硬性

1. 钢的淬透性

淬透性是指钢接受淬火时形成马氏体的能力及在淬火时获得淬硬层深度的能力。

(1) 含义解析

不同的钢在同样的淬火冷却条件下有的能得到马氏体、有的不能得到马氏体，说明不同的钢接受淬火时形成马氏体的能力不同，较慢冷速就能得到马氏体的钢淬透性好；不同的钢在同样的淬火条件下淬硬层深度不同，说明不同的钢淬透性不同，淬硬层越深的钢淬透性越好。

(2) 淬硬层深度

从淬硬的工件表面至50%马氏体组织的垂直距离定为淬硬层深度。

钢淬火时，表面冷却速度最快，愈到中心冷却速度愈慢，形成的马氏体数量越少，在距表面某一深处的冷却速度小于该钢的马氏体临界冷却速度，则将有非马氏体组织出现。如图5-31所示，半马氏体组织比较容易由显微镜或硬度的变化来确定。淬火组织中含非马氏体组织量不多时，硬度变化不大；非马氏体组织量增至50%时，硬度陡然下降，曲线上出现明显的转折点。如图 5-32 所示。

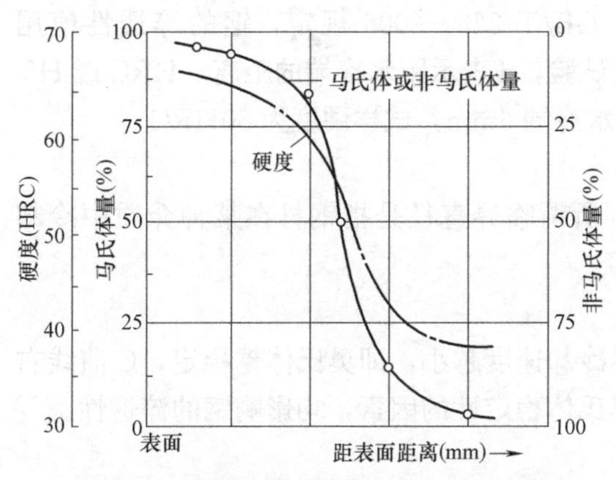

图 5-31　冷速和淬硬层深度变化示意图

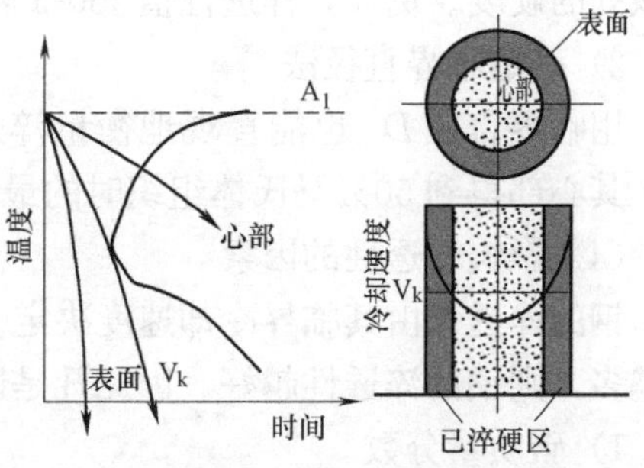

图 5-32　淬火试样断面上马氏体量和硬度变化

(3) 淬透性的测定

1) 末端淬火法

① 淬透性曲线

用“末端淬火法”来测定标准试样沿长度方向上的硬度变化所得的曲线。

② 淬透性曲线的测绘方法

将标准试样（$\phi 25 \times 100$mm）加热奥氏体化后，迅速放入末端淬火试验机的冷却孔中，喷水冷却。规定喷水管内径 12.5mm，水柱自由高度 65±5mm，水温 20～30℃，如图 5-33（a）所示。显然，喷水端冷却速度最大，距末端沿轴向距离增大，冷却速度逐渐减小，其组织及硬度亦逐渐变化。在试样测面沿长度方向磨一深度为 0.2～0.5mm 的窄条平面，然后从末端开始，每隔一定距离测量一个硬度值，即可测得试样沿长度方向上的硬度变化，所得曲线称为淬透性曲线，如图 5-33（b）所示。

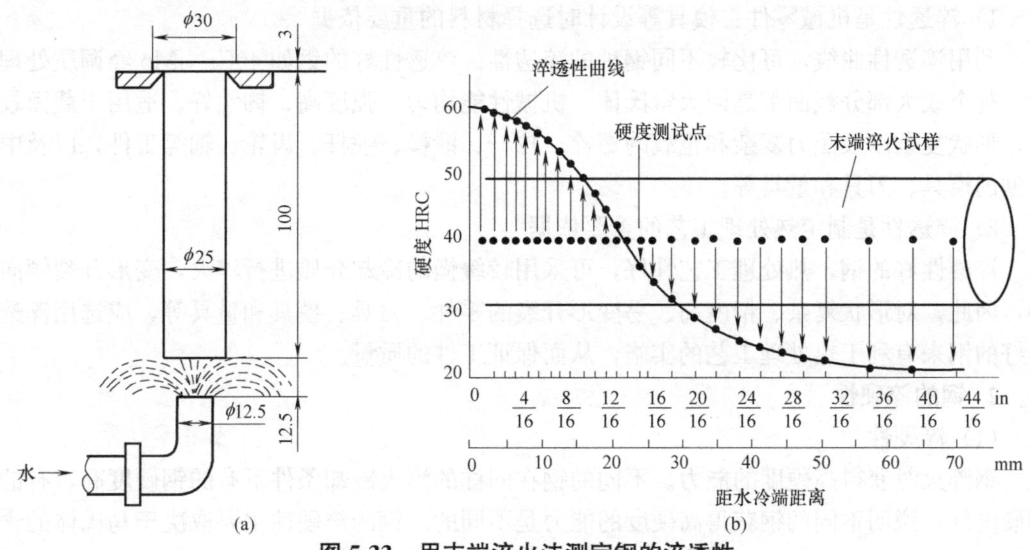

图 5-33　用末端淬火法测定钢的淬透性

（a）试样尺寸及冷却方法；（b）淬透性曲线的测定

③ 淬透性值

根据《钢淬透性的末端淬火试验方法》GB/T 225—2006 规定，钢的淬透性值用 JHRC-d 或 JHV-d 表示。其中 J 表示末端淬火试验，d 表示距水冷端的距离，HRC 或 HV 为该处的硬度。例如，淬透性值 J50-6 表示距水冷端 6mm，试样硬度为 50HRC。

2）确定临界直径法

用临界直径 D_c 也能直观地衡量淬透性。所谓临界直径是指钢材在某种介质中冷却后，其心部得到 50％马氏体组织时的最大直径。

（4）影响淬透性的因素

钢的淬透性由其临界冷却速度决定。临界冷却速度越小，即奥氏体越稳定，C 曲线右移越多，则钢的淬透性越好。因此凡是影响奥氏体稳定性的因素，均影响钢的淬透性。

1）碳质量分数

对于碳钢，钢中含碳量愈接近共析成分，其 C 曲线愈靠右，临界冷却速度愈小，则淬透性愈好，即亚共析钢的淬透性随含碳量增加而增大，过共析钢的淬透性随含碳量增加而减小。碳质量分数的影响相对不是太大。

2）合金元素

除钴以外，大多数合金元素使 C 曲线右移，降低临界冷却速度，提高钢的淬透性，因此，合金钢比碳钢的淬透性要好。

3）奥氏体化温度

奥氏体化温度越高，晶粒越易长大，不利于珠光体的形核，降低钢的临界冷却速度，增加其淬透性。但实际生产中要慎用，防止变形开裂等问题。

4）钢中未溶第二相

钢中未溶入奥氏体中的碳化物、氮化物及其他非金属夹杂物，可成为奥氏体分解的非自发核心，使临界冷却速度增大，降低淬透性。

（5）淬透性的应用意义

1）淬透性是机械零件、模具等设计时选择材料的重要依据

利用淬透性曲线，可比较不同钢种的淬透性。淬透性好的钢如 40CrNiMo 经调质处理后，整个或大部分截面都是回火索氏体，机械性能均匀、强度高、韧性好。适用于截面较大、形状复杂以及受力复杂和重载的螺栓、拉杆、锻模、锤杆、齿轮、轴等工件，以及中大型的模具、刀具和量具等。

2）淬透性是制定热处理工艺的重要依据

淬透性好的钢，热处理工艺性好，可采用较缓慢的冷却介质进行淬火，变形开裂倾向小，因此，对形状复杂、精度高、易变形开裂的零件、刀具、模具和量具等，应选用淬透性好的钢来有利于热处理工艺的实施，从而保证工件的质量。

2. 钢的淬硬性

（1）淬硬性

钢淬火时获得高硬度的能力。不同的钢在同样的淬火冷却条件下有的钢硬度高，有的钢硬度低，说明不同的钢获得高硬度的能力是不同的。钢的淬硬性主要取决于马氏体的含碳量，即取决于淬火时溶解在奥氏体中的碳含量。显然，钢的碳含量越高，淬火后其硬度越高，其原因在前节已有过描述。

(2) 淬硬性的应用意义

淬硬性是机械零件、工具等设计时选择材料的重要依据。淬硬性好的钢，淬火时可获得高硬度，可以满足要求高硬度、高耐磨性的各种零件、刀具、模具、量具等的需要。淬硬性差的钢，一般只用于要求强度、韧性好的零件、模具等。

5.3.4　淬火应力

钢件在加热和冷却的过程中，不仅因热胀冷缩会发生体积变化，而且还会因相变时新旧两相质量体积的不同而发生体积的变化。由于这些体积变化在整个钢件的截面上不是同时发生的，而是由表面及中心先后发生的，便造成了钢件中的内应力。当内应力数值超过钢的屈服强度时，便引起钢件的变形，超过钢的抗拉强度时，钢便会产生裂纹。钢在热护理最终所残存下来的内应力称为残留应力或残留内应力。

1. 热应力

工件在加热和（或）冷却时，由于不同部位出现温差而导致热胀和（或）冷缩的不一致所引起的应力，称为热应力。

现以实心圆柱体为例，说明其冷却过程中内应力的形成及变化规律。这里仅讨论其轴向应力。冷却刚开始时，由于表面冷却快、温度低、收缩多，而心部则冷却慢、温度高、收缩小，表里相互牵制的结果，就在表层产生了拉应力，心部则承受着压应力。随着冷却的进行，表里温差增大，其内应力也相应增大，当应力增大到超过该温度的屈服强度时，便产生了塑性变形。由于心部的温度高于表层，因而总是心部先行沿轴向收缩。塑性变形的结果，使其内应力不在增大。冷却到一定时间后，表层温度的降低将逐渐减慢，则其收缩量也逐渐减小。而此时心部则仍在不断收缩，于是表层的拉应力及心部压应力将逐渐减小，直至消失。但是随着冷却的继续进行，表层温度越来越低，收缩量也越来越少，甚至停止收缩。而心部由于温度尚高，还要不断收缩，结果最后在工件表层形成压应力，而心部则为拉应力，但由于温度已低，不易产生塑性变形，所以这应力将随冷却的进行而不断增大，并最后保留于工件内部，成为残留应力。

由此可见，冷却过程中的热应力开始是使表层受拉，心部受压而最后留下的残留应力则是表层受压，心部受拉。

热应力的大小主要与冷却速度造成截面上的温差大小有关，冷却速度越大，截面上的温差越大，热应力也就越大。此外，淬火温度高，钢件的截面尺寸大或导热性差，也会增大截面温差，增大热应力。

2. 相变应力

热处理过程中因工件不同部位组织转变不同而产生的内应力，称为相变应力。

淬火快冷时，当表层冷至 M_s 点，即产生马氏体转变，并引起体积膨胀。但由于受到尚没进行转变的心部的阻碍，使表层产生压应力，而心部则为拉应力，应力足够大时，机会引起变形。当心部冷至 M_s 点时，也要进行马氏体转变，并体积膨胀，但由于受到已经转变的塑性地、强度高的表层的牵制，因此其最后的残留应力将呈表面受拉，心部受压。由此可见，相变应力的变化情况及最后状态，恰巧与热应力相反。而且由于相变应力产生于塑性较低的低温下，此时变形困难，所以相变应力更易于导致工件的开裂。

影响相变应力大小的因素很多，钢在马氏体转变温度范围的冷却速度越快，钢件的尺寸越大，钢的导热性越差，马氏体的质量体积越大，其相变应力就越大。另外，相变应力还与钢的成分、钢的淬透性有关。例如，高碳高合金钢由于碳质量分数高而增大马氏体的质量体积，这本应增加钢的相变应力，但随着碳质量分数升高而使 M_s 点下降，又使淬火后存在着大量残余奥氏体，其体积膨胀量减小，残留应力就低。

实验四　钢的淬火工艺实验

一、实验目的

1. 理解马氏体组织转变过程及特点；
2. 掌握钢的淬火工艺；
3. 能够识别钢的淬火组织；
4. 理解钢的淬硬性；
5. 理解钢的淬透性。

二、实验要求

学生在掌握钢的马氏体相变及淬火工艺相关知识的基础上，在规定时间内，完成实验操作过程；完成实验报告；完成讲评总结。

三、实验学时

8 学时。

四、实验设备及材料

高温箱式炉、水槽、布氏硬度计及标准试块、洛氏硬度计及标准试块，砂轮机、金相显微镜、金相砂纸、4%硝酸酒精、脱脂棉、镊子等，每组分别准备 20、45、T8、T12 钢试样及 45、40Cr、42CrMo、40CrNiMo 钢试块。

五、实验分组

老师组织学生分组，6～8 人为一组。学生以小组为单位共同完成实验项目，但对于实验项目的内容和要求，每个同学都要求掌握。

六、实验内容和步骤

1. 实验内容

（1）熟悉加热设备高温箱式炉的操作方法和注意事项；

（2）查热处理手册，进行碳钢及合金钢钢试块淬火工艺制定，按组完成实验操作；

（3）测定硬度数值，注意进行硬度实验数据的记录，洛氏硬度最少记录 4 次数据；

（4）完成金相试样制备及组织观察；

（5）小组集体分析讨论数据的正确性，确定最终实验数据结果和实验结论。

2. 实验步骤

项目资讯	在了解项目任务及实训目的后，以小组为单位，讨论、分析、提问、查阅与钢淬火工艺相关知识，以及硬度检测操作、安全、质量等相关知识。各岗位要清楚自己的职责、知识点和技能点
决策	小组成员可各自提出实验方案，在讨论的基础上，确定其实施方案
计划	编写实施方案（参数及内容涉及：使用设备及型号、工装、工具、质量检查项目、技术要求）；制定工作计划（包含工序步骤、小组分工）

续表

实施	操作前准备工作，检查设备、工具、工装、硬度计和显微镜等；按照工作计划来进行操作，在加热设备上输入加热温度、保温时间等工艺参数；工件装炉，并按照工作计划和设备说明来进行操作
检查	检查所用钢的表面质量、是否开裂及变形；检测硬度并记录数值；完成金相制备及组织观察。留好样件做备查。 检查设备、工装、工具、仪器等是否损坏、丢失；是否摆放到位；维护设备及清扫卫生
评价	参照情境学习考核标准及项目任务完成情况进行自我评价、小组互评，学生完成实训报告的填写。最后老师总评
其他	实训完毕，清理场地，检查整理工具、设备，是否遗落或损坏，如有遗失或损坏应向指导教师说明情况和原因，填写情况报告书

3. 实验结果

（1）淬硬性

组别	20钢试样	45钢试样	T8钢试样	T12钢试样
第一组				
第二组				
第三组				
第四组				

（2）淬透性

组别	45钢试样	40Cr钢试样	42CrMo钢试样	40CrNiMo钢试样
第一组				
第二组				
第三组				
第四组				

七、实验评价

以下为考核标准和考评内容。

考评项目	考评内容	成绩占比
专业能力	1. 理解马氏体组织转变过程及特点 2. 掌握钢的淬火工艺； 3. 能够识别钢的淬火组织； 4. 理解钢的淬硬性； 5. 理解钢的淬透性	40%
方法能力	1. 能熟练运用专业知识；具备收集查阅处理信息能力； 2. 能正确制定工作计划和实施方案；工艺方案思路清晰正确； 3. 具备分析和解决问题的能力。善于记录总结项目过程数据等	30%
项目检查	1. 实验过程及结果正确，具备处理问题和采取措施的能力； 2. 实验报告完成质量好，善于进行项目总结。小组总结完成好； 3. 实验完成后，清理、归位、维护和卫生等善后工作到位	20%
社会能力	工作与职业素养、学习态度、责任心、团队合作精神、交流及表达能力、组织协调能力、质量意识、安全意识和环保意识。遵守教学管理制度情况、遵守安全操作规程情况；设备维护保养及爱护情况；是否有脱岗情况；回答问题情况；小组成员配合情况	10%
总评	合计分数	

思 考 题

1. 试述马氏体的形态、性能及转变特点。
2. 试述贝氏体的形态、性能及转变特点。
3. 为什么板条马氏体比片状马氏体有较好的塑性和韧性？
4. 为什么下贝氏体的强韧性优于上贝氏体？
5. 试述贝氏体相变的转变过程及影响形貌的控制因素。
6. 什么是残余奥氏体？对钢的力学性能有何影响？
7. 何为奥氏体稳定化？奥氏体稳定化的原因及其影响因素有哪些？
8. 常用的淬火方法有哪些？各有哪些优缺点？
9. 常用的淬火介质有哪些？各有哪些优缺点？
10. 确定淬火加热温度的基本原则是什么？
11. 为什么钢的含碳量越高，淬火后的硬度越大？
12. 淬透性和淬硬性有何区别？
13. 什么是组织应力和热应力？
14. 淬火变形和开裂的主要影响因素有哪些？如何减小淬火变形和防止淬火开裂？

第 5 章拓展知识
真空高压
气淬技术

第 6 章 钢的回火组织转变及工艺

6.1 钢的回火组织转变

1. 回火

是把淬火后的零件加热到 Ac_1 以下的某一温度，适当保温后，冷却到室温的热处理工艺。

2. 基本原则

淬火后的零件必须要回火。其原因是：淬火钢硬度高、脆性大，存在着淬火内应力，性能不能满足各种零件性能的需要，且淬火后 M 和 A′组织是不稳定的，在室温下就能缓慢分解，产生体积变化而导致工件变形，这对精密零件是不允许的。因此，淬火后的零件必须进行回火才能使用。

3. 回火目的

① 消除或降低淬火产生的组织应力、热应力和脆性，防止变形和开裂。

② 稳定组织，从而稳定尺寸和形状，保证各种零件、工具精度和尺寸的稳定性。

③ 通过不同温度的回火，来调整淬火件达到所需要的强度、硬度、韧性、塑性和弹性。

6.1.1 淬火钢回火过程中的组织转变

钢经淬火后其正常组织为：马氏体＋残余奥氏体（亚共析钢和共析钢）；马氏体＋碳化物（碳素钢中就是渗碳体)＋残余奥氏体（过共析钢)。而钢在室温下的平衡组织只有铁素体和渗碳体，因此淬火钢中不稳定的马氏体和残余奥氏体组织会自发地向铁素体和渗碳体变化。研究表明：回火加热时，淬火钢的组织转变并非是一个由马氏体和残余奥氏体直接分解转变成铁素体和渗碳体混合物的简单过程，而是随着温度的升高，经历一系列复杂的中间转变，形成不同的中间组织，最终才转变成铁素体和渗碳体。

(1) 碳原子的偏聚和聚集。在 20～100℃范围内，虽然铁和合金元素原子尚难以扩散，但碳原子已能作短距离的扩散，在转变为稳定组织的自发倾向驱使下，马氏体中过饱和的碳原子会自发地进行偏聚。

在低碳板条马氏体中，碳原子多偏聚在位错附近的间隙位置中。在高碳片状马氏体中，则碳原子多偏聚在晶体中的一定晶面上。

(2) 马氏体的分解。所谓马氏体的分解是指在 100～250℃，马氏体内过饱和的碳原子脱溶，沉淀析出亚稳相 ε-碳化物，使固溶体趋于平衡成分。

当回火温度超过 100℃时，马氏体开始分解，过饱和固溶体的碳原子以 ε-碳化物的形式从马氏体中开始析出。ε-碳化物的形式和成分都不同于渗碳体，它是密排六方晶格。高碳钢中，ε-碳化物总是以条状或薄片形式析出于马氏体的一定晶面上，通常是由马氏体内原先的碳原子偏聚区域长大而成的。对于小于 0.3%的低碳板条马氏体，在低于 250℃时，一般不析出 ε-碳化物，只是碳原子进一步偏聚在位错缺陷处。

在温度不高（低于 250℃）的情况下，由于碳原子难以作长距离扩散，而 ε-碳化物的析出必然造成其周围固溶体贫碳，使碳原子来源枯竭，所以 ε-碳化物的长大是极其有限的。因此在 200℃以下回火时，马氏体的分解不是依靠 ε-碳化物的长大，而主要是依靠 ε-碳化物的增多而进行的。

在 150～300℃的温度范围内，碳原子的扩散能力有所提高。此时既有 ε-碳化物的继续析出，也有已析出的 ε-碳化物的稍许长大，故马氏体的分解得以加速进行。

提高回火温度，将使马氏体以更大的速度进行分解，而且温度越高，分解后所达到的碳浓度也就越低。对应于一定的回火温度，回火马氏体中的碳浓度是一定的。温度越高，碳浓度就越低。在 300～350℃，马氏体中碳浓度降低到 0.1%左右，此时马氏体分解已近乎完成。至于回火组织真正达到平衡状态，则要 500℃左右。

淬火马氏体回火时，碳已经部分地从固溶体中析出并形成了过渡碳化物，此时的基体组织即为回火马氏体，如图 6-1 所示。即马氏体分解（<250℃）得到的，分布在过饱和度降低了的固溶体基体上的，高度弥散的 ε-碳化物的混合物。

图 6-1　回火马氏体（T10A 钢淬火后，200℃回火，500×）

（3）残余奥氏体的转变。碳素钢残余奥氏体的转变温度在 200～300℃之间。一般认为残余奥氏体转变产物与过冷奥氏体在相同温度下的转变产物基本一致，即在较高温度范围内，其转变产物下贝氏体；在较低温度的转变产物为马氏体，随后分解成回火马氏体。

（4）碳化物的析出、转化和长大自马氏体分解开始，碳化物就不断从马氏体中析出。回火温度越高，碳化物的析出量越多。当温度升高到 250℃以上时，ε-碳化物开始逐渐向渗碳体转化。开始阶段转化速度较慢，在 350～400℃范围内转化最为剧烈，大量的渗碳体都在这时生成。实际上，碳化物并非直接生成渗碳体，而是首先生成其他类型亚稳定碳化物作为中间相（过渡相），然后再转化成渗碳体。在转化的同时，碳化物仍可继续从马氏体中不断析出，碳化物的最好存在温度可达350～400℃。

低碳马氏体由于没有析出ε-碳化物的过程，因此在回火温度高200℃时直接析出渗碳体。渗碳体的形成也经历了形核与长大两个过程。随着回火温度的升高，扩散速度加快，渗碳体的形核与长大过程也加快。渗碳体的初始形态呈极薄的片状，在400℃以上温度开始显著长大。回火温度越高，渗碳体颗粒的尺寸越大。

（5）铁素体的回复与再结晶随着回火温度升高，碳化物不断析出，致使固溶体中含碳量接近于平衡，这意味着铁素体开始回复。回复后的铁素体仍保持着原马氏体的板条或片状的外形。马氏体于回火时形成的组织，实际上是铁素体基体内分布着极其细小的碳化物（或渗碳体）球状颗粒，但因其过于细小至于在光学显微镜下高倍放大也分辨不出其内部构造，只看到其总体是一片黑的复相组织，称为回火托氏体，如图6-2所示。即在350～450℃温度范围内，回火后得到保持马氏体外形，但已经回复的铁素体和弥散分布的极细小渗碳体颗粒的混合物。

图6-2　回火托氏体（45钢淬火后，400℃回火，500×）

当回火温度上升到500℃以后，回复后的铁素体开始由细小的板条或片状晶粒，逐渐长大成细小的等轴晶粒，这一过程称为铁素体的再结晶。在600～700℃时，由于铁原子的扩散能力显著提高，铁素体的再结晶最为剧烈。马氏体于回火时形成，在光学显微镜下放大五六百倍才能分辨出来其为铁素体基体内分布着碳化物（包括渗碳体）球状的复相组织，被称为回火索氏体，如图6-3所示。即在500～650℃之间回火，得到细粒状渗碳体和等轴铁素体晶粒所组成的混合物。当回火温度在650℃～Ac_1之间，渗碳体颗粒和等轴铁素体晶粒都显著长大，得到粗的球状渗碳体和铁素体所组成的混合物，这种组织被称为回火珠光体，其金相组织基本上和球化退火组织相同。

总之，淬火钢的回火转变是由以上五个过程综合作用的结果，难以用明确的温度范围将它们截然分开，它们有时是互相交错，有时同时进行。

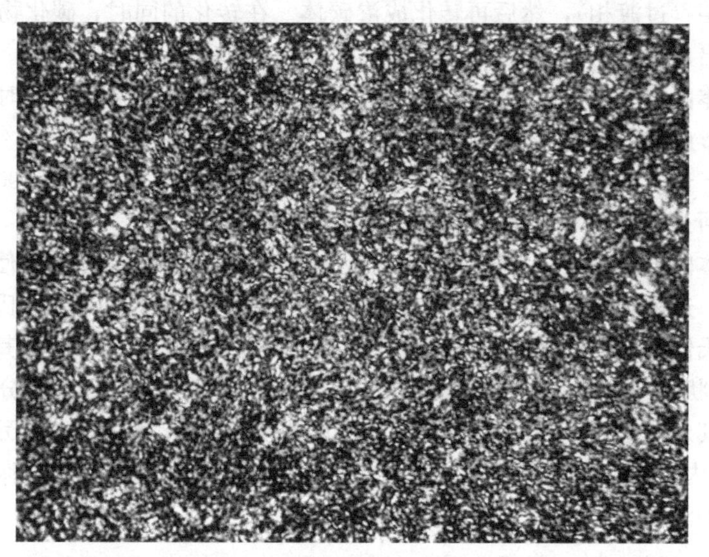

图 6-3 回火索氏体（45 钢淬火后，600℃回火，500×）

6.1.2 回火时的力学性能变化

随着回火温度升高，淬火件的硬度和强度下降，塑性、韧性升高。如图 6-4 所示，是 40 钢随回火温度升高其力学性能的变化规律。

不同的钢回火稳定性不一样其性能变化规律也是不一样的，而这些变化规律也是钢淬火回火工艺规范的重要依据。它们在钢手册中会以曲线和列表的形式体现出来。

回火稳定性是指钢随回火温度的升高，抵抗硬度和强度下降的能力。碳钢回火稳定性最差，合金钢优于碳钢，尤其高合金工具钢则更好，如高速钢。

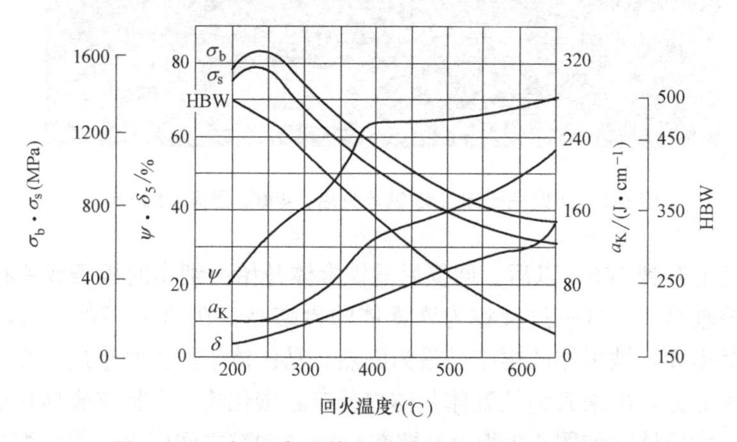

图 6-4 40 钢回火后的力学性能与回火温度的关系

回火组织与过冷奥氏体直接分解的组织相比，均具有较优的性能。在硬度相同时，回火马氏体比淬火马氏体塑性和韧性要好。回火屈氏体与回火索氏体比屈氏体、索氏体具有较高的强度、塑性和韧性。其主要原因是过冷奥氏体直接分解出来的是片状渗碳体，而回火转变的是粒状渗碳体。片状渗碳体在受力时易产生应力集中，脆性大且易形成裂纹。

6.1.3　合金元素对回火转变的影响

钢中合金元素对回火时的马氏体分解、碳化物的形成、聚集和长大以及α相的形态变化都有不同的影响，因而会影响钢的回火组织和性能，主要体现在：延缓钢的回火软化，提高回火抗力；引起二次硬化现象；影响钢的回火脆性。

1. 提高钢的回火抗力

合金元素可以减小钢在回火过程中硬度下降的趋势，使钢的各种回火转变温度范围向高温推移。与碳钢相比，合金钢的回火稳定性更高，具有更高的抵抗回火软化的能力，即回火抗力高。与相同含碳量的碳钢相比，当回火温度高于300℃时，在相同回火温度和回火时间情况下，合金钢具有较高的强度和硬度。反过来，为得到相同的强度和硬度，合金钢可以在更高温度下回火，且有利于钢的韧性和塑性的提高。这也就意味着，在同样的硬度和强度要求下，合金钢可以在更高的温度下服役。

2. 引起二次硬化

钢在一次或多次回火后，硬度提高的现象称为二次硬化。这种硬化现象是由于合金碳化物的析出和残余奥氏体转变为马氏体或贝氏体所致。某些高合金钢（如高速钢、高铬模具钢等）尤为突出，它们在一定温度回火后，工件硬度不仅不降低，反而比其淬火态要高得多。产生二次硬化的原因有以下两个方面：

（1）弥散强化作用

当回火温度较高（400℃以上）时，Cr、Mo、W、V、Ti、Nb等强碳化物形成元素以高度弥散的碳化物颗粒析出于基体中，这些细小的合金碳化物颗粒不易聚集长大，使得位错钉扎，滑移变形受阻，从而起到弥散强化的作用。

（2）残余奥氏体转变成回火马氏体或下贝氏体

钢中的残余奥氏体在回火加热、保温过程中不发生分解，而在随后的回火冷却过程中转变为马氏体或下贝氏体，这种现象称为二次淬火。二次淬火也是二次硬化的原因之一，但与析出碳化物的弥散强化相比，其作用较小，只有当淬火钢中残留奥氏体量很高时，其作用才较为显著。例如淬火后的高速钢W18Cr4V，其组织内的大量残余奥氏体（可高达20%以上），在回火过程中，将转变为二次淬火马氏体。在三次回火后，残余奥氏体大幅降低（可小于3%），最终组织主要为回火马氏体和细小的碳化物颗粒。

6.1.4　钢的回火脆性

回火脆性是指淬火钢在某些温度区间回火或从回火温度缓慢冷却通过某温度区间时，冲击韧性值显著下降的现象。回火脆性有以下两种：

1. 第一类回火脆性

淬火后的钢，在300℃左右回火时，其韧性下降、脆性增大的现象。

（1）产生原因：在300℃左右由于薄片状碳化物沿马氏体板条或针叶间界面析出，形成脆性薄壳，从而破坏了马氏体之间的连接，导致了冲击韧性降低。

（2）措施：目前尚无有效方法来完全消除第一类回火脆性，只有尽量避开该回火温度范围。

2. 第二类回火脆性

在500～650℃温度范围回火或经更高温度回火后缓慢冷却通过该温度区间时，冲击韧性值下降的现象。

(1) 产生原因：一般认为是由于某些杂质元素（如磷、锡、锑等）沿奥氏体晶界偏聚，削弱了晶界上原子间的结合力，使钢变脆，或者是由于某些化合物（如铬、锰的碳化物、氮化物等）沿晶界析出，降低了晶界的强度所致。

(2) 措施：回火后快冷（水或油中冷却）或在钢中加入适量的钼、钨等元素来消除或延缓杂质元素在晶界的偏聚。如果工件已产生回火脆性，可重新加热到550℃以上，然后快速冷却即可消除脆性。

6.2 钢的回火工艺

6.2.1 回火工艺的分类

对于一般的碳钢和低合金钢而言，根据回火温度的不同，回火工艺一般分为以下三类：

1. 低温回火

回火温度150～250℃，回火组织是回火马氏体。硬度一般大于58HRC。

(1) 目的：降低钢的淬火应力和脆性，提高韧性，并保持淬火后的高硬度和高耐磨性。

(2) 应用：适用于各种要求高硬度和高耐磨性的刃具、量具、模具、滚动轴承及渗碳、表面淬火的零件。

2. 中温回火

回火温度范围为350～500℃，回火组织是回火屈氏体。硬度为35～45HRC。

(1) 目的：获得高的弹性极限和屈服强度，并具有一定的韧性和疲劳抗力。

(2) 应用：主要应用于各种弹簧钢制造的各类弹簧及要求高屈服强度的结构件和模具等。

3. 高温回火

回火温度范围为500～650℃，回火组织是回火索氏体。硬度为25～35HRC。

(1) 调质：钢淬火后高温回火称为调质处理。

(2) 目的：获得较高的强度及良好的塑性和韧性。具有综合性能好，强韧性好的特点。

(3) 应用：广泛应用于处理各种重要的零件，特别是受交变和冲击载荷的各种轴、连杆、曲轴、齿轮等。也常作为精密零件、模具、量具、表面淬火件、渗氮件的预备热处理，以获得均匀组织、减小淬火变形，并保证其心部具有良好的强韧性。

值得注意的是，对于中高合金钢而言，不要以回火温度的高低来判断回火类型，而是要依据回火后的组织进行判定。例如，高速钢W18Cr4V在540～570℃进行回火，得到的组织为回火马氏体、颗粒状碳化物和残余奥氏体，其回火工艺应该属于低温回火。

6.2.2　固溶及时效

1. 固溶处理

将溶解度随温度变化的合金加热到溶解度曲线以上某一温度，保温一定时间，然后快速冷却，获得均匀的过饱和固溶体，这种工艺称为固溶处理。不同合金经过固溶处理后，性能变化不尽相同：有的强度升高，塑性下降；有的强度下降，塑性升高；还有些合金强度和塑性均升高或者变化不大。固溶处理后的力学性能主要取决于溶质的过饱和度、是否存在过剩相以及过剩相的性能。固溶处理一般有以下几个作用：

（1）获得过饱和固溶体，为后续的时效处理做工艺准备。

（2）作为冷加工前的软化处理，为后续的加工及成型做工艺准备。

（3）使合金中的各种相充分溶解，强化固溶体，提高合金的韧性及耐蚀性。

2. 时效处理

合金经加热固溶处理后，其固溶体中的溶质元素（合金元素）将处于过饱和状态，在一定温度下过饱和的溶质原子将通过扩散在固溶体一定区域内聚集并析出第二相，这一过程称为脱溶或沉淀。合金脱溶过程中，力学性能会随之发生变化，这种现象称为时效。室温状态下的时效称为自然时效，加热以加快时效过程称为人工时效。钛合金、铝合金、镁合金等有色合金以及高温合金、沉淀硬化不锈钢、马氏体时效钢等，都是通过时效处理进行强化的。对于不能通过相变强化或相变强化效果不明显的合金，时效强化是其最重要的强化方式。时效强化必须满足以下几个条件：

（1）溶质元素在固溶体中应具有一定的固溶度，并随温度下降而减小。

（2）经高温固溶处理后溶质元素处于过饱和状态。

（3）在较低温度（室温或加热至一定温度）下，溶质原子仍具有一定的扩散能力。

时效过程就其本质来说是一个由非平衡状态向平衡状态转化的自发过程。但是这种转化在达到最终平衡状态前，往往要经历几个过渡阶段。其一般规律是，先在过饱和固溶体中形成介稳的偏聚状态，如溶质原子偏聚区（也称G-P区）、柯氏气团，然后形成介稳过渡相（或称过渡相），最后则形成平衡（稳定）相。G-P区与基体（过饱和固溶体）是完全共格的，其晶体结构也与基体相同，故不能当作“相”；介稳过渡相与基体可能完全或部分共格，并具有一定的化学成分，其晶体结构与基体不同，根据钢（或合金）的成分不同，这种介稳过渡相可能不止一种，常以θ'、θ''等表示；平衡相也具有一定的化学成分和晶体结构，常以θ表示，它与基体呈非共格关系。G-P区、介稳过渡相和平衡相是不同阶段的析出物，它们具有不同的固溶度曲线。G-P区固溶度最大，平衡相固溶度最小，介稳过渡相介于两者之间。

由于G-P区与基体呈完全共格，界面能较小，容易通过扩散而形核并长大，但其稳定性较差，易于溶解。对于已经过时效处理（处于G-P区阶段）的合金，只需要加热至高于G-P区固溶度曲线以上的温度，就可以使之再度溶解，此时若快速冷却，即可使得合金回复到时效前的状态，这种现象称为回归。

3. 影响时效的因素

（1）时效温度和时效时间

时效温度是影响时效过程的主要因素。随着时效温度升高，时效过程加速，出现硬度峰值的时间变短，且峰值硬度降低。而时效时间对时效的影响相对较低。对于淬火低碳钢而言，随着时效的进行，碳、氮化物的析出会引起较大的强化作用，但随着温度升高或时间延长，时效进程进一步发展，碳、氮化物的聚集长大则会使得强化效果减弱。

（2）碳及合金元素

合金中的间隙元素是引起时效的基本元素。合金中固溶的碳越多，时效强化效果越显著。氮与碳的性质相近，也是引起时效的基本元素。Al、Cr、Ti、Cu、Nb 等碳、氮化合物形成元素会影响碳、氮原子的溶解度和扩散速率，其碳、氮化合物的析出会降低时效的敏感性。

（3）冷变形

冷变形会使合金中的位错密度增大，易于形成大量的柯氏气团，同时形变还能加速元素扩散。在固溶处理后进行冷变形，不仅可以加速时效过程，还可以提高时效后的硬度。

实验五　钢的回火工艺实验

一、实验目的：

1. 理解淬火钢不同温度下回火组织转变过程；
2. 能够识别钢的回火组织；
3. 掌握不同回火组织的性能差异。

二、实验要求：

学生在掌握淬火钢的回火组织转变及回火工艺相关知识的基础上，在规定时间内，完成实验操作过程；完成实验报告；完成讲评总结。

三、实验学时：

4 学时。

四、实验设备及材料

高温箱式炉、水槽、布氏硬度计及标准试块、洛氏硬度计及标准试块，砂轮机、金相显微镜、金相砂纸、4%硝酸酒精、脱脂棉、镊子等，每组分别准备 45、T9、42CrMo、9SiCr 钢试块。

五、实验分组

老师组织学生分组，6～8 人为一组。学生以小组为单位共同完成实验项目，但对于实验项目的内容和要求，每个同学都要求掌握。

六、实验内容和步骤

1. 实验内容

（1）熟悉加热设备高温箱式炉的操作方法和注意事项；

（2）查热处理手册，进行 45、T9、42CrMo、9SiCr 钢试块淬火回火工艺制定，按组完成实验操作；

（3）测定硬度数值，注意进行硬度实验数据的记录，洛氏硬度最少记录 4 次数据；

（4）完成金相试样制备及组织观察；

（5）小组集体分析讨论数据的正确性，确定最终实验数据结果和实验结论。

2. 实验步骤

项目资讯	在了解项目任务及实训目的后，以小组为单位，讨论、分析、提问、查阅与钢的回火组织转变相关知识，以及硬度检测操作、安全、质量等相关知识。各岗位要清楚自己的职责、知识点和技能点
决策	小组成员可各自提出实验方案，在讨论的基础上，确定其实施方案
计划	编写实施方案（参数及内容涉及：使用设备及型号、工装、工具、质量检查项目、技术要求）；制定工作计划（包含工序步骤、小组分工）
实施	操作前准备工作，检查设备、工具、工装、硬度计和显微镜等；按照工作计划来进行操作，在加热设备上输入加热温度、保温时间等工艺参数；工件装炉，并按照工作计划和设备说明来进行操作
检查	检查所用钢的表面质量、是否开裂及变形；检测硬度并记录数值；完成金相制备及组织观察。留好样件做备查。 检查设备、工装、工具、仪器等是否损坏、丢失；是否摆放到位；维护设备及清扫卫生
评价	参照情境学习考核标准及项目任务完成情况进行自我评价、小组互评，学生完成实训报告的填写。最后老师总评
其他	实训完毕，清理场地，检查整理工具、设备，是否遗落或损坏，如有遗失或损坏应向指导教师说明情况和原因，填写情况报告书

3. 实验结果

组别	45钢试样				42CrMo钢试样				T9钢试样				9SiCr钢试样			
第一组	淬火	200℃回火	400℃回火	600℃回火	淬火	200℃回火	400℃回火	600℃回火	淬火	200℃回火	400℃回火	600℃回火	淬火	200℃回火	400℃回火	600℃回火
第二组																
第三组																
第四组																

七、实验评价

以下为考核标准和考评内容。

考评项目	考评内容	成绩占比
专业能力	1. 理解淬火钢不同温度下回火组织转变过程； 2. 能够识别钢的回火组织； 3. 掌握不同回火组织的性能差异	40%
方法能力	1. 能熟练运用专业知识；具备收集查阅处理信息能力； 2. 能正确制定工作计划和实施方案；工艺方案思路清晰正确； 3. 具备分析和解决问题的能力。善于记录总结项目过程数据等	30%
项目检查	1. 实验过程及结果正确，具备处理问题和采取措施的能力； 2. 实验报告完成质量好，善于进行项目总结。小组总结完成好； 3. 实验完成后，清理、归位、维护和卫生等善后工作到位	20%
社会能力	工作与职业素养、学习态度、责任心、团队合作精神、交流及表达能力、组织协调能力、质量意识、安全意识和环保意识。遵守教学管理制度情况、遵守安全操作规程情况；设备维护保养及爱护情况；是否有脱岗情况；回答问题情况；小组成员配合情况	10%
总评	合计分数	

思 考 题

1. 名词解释：回火、回火马氏体、回火索氏体、回火托氏体、回火脆性、回火稳定性、二次淬火、二次硬化。

2. 简述回火的目的及工艺。

3. 简述淬火钢回火时的组织转变过程。

4. 如何避免或降低回火脆性?

5. 指出下列工件的淬火、回火温度及回火后获得的组织和大致的硬度。

①40 钢小轴（要求综合机械性能）②65 钢弹簧 ③T12A 钢锉刀

6. 什么是固溶和时效？举例说明固溶和时效在生产中的应用。

第 6 章拓展知识
航空航天用
高性能金属材料
及其热处理

第7章　表面热处理

机械产品中，有许多零件是在弯曲、冲击、扭转载荷下工作，同时还承受磨损和交变应力的作用。因此零件的性能要求较复杂，单靠选材或普通热处理满足不了其性能的要求，表面热处理则是满足这类零件性能要求的工艺方法之一。它仅对钢的表面加热、冷却而不改变其成分，即表面淬火。

表面淬火是利用快速加热使钢件表面奥氏体化，当热量还没有传导到工件内部时迅速予以冷却，表层被淬硬为马氏体，而心部仍保持原来预先热处理组织的工艺方法。

（1）目的：使工件获得较一定的淬硬层深度，及表面高硬度、高耐磨性、高的疲劳强度，而工件心部具有良好的强韧性。

（2）应用：广泛应用于承受交变、冲击、扭转、弯曲、表面磨损等复杂载荷的各种齿轮、轴、销、杆、凸轮、导轨、铲刀板等工件。

（3）种类：按照加热的方式，表面热处理分为感应加热、火焰加热、激光加热、电接触加热和电解加热等，最常用的是感应加热和火焰加热表面淬火。

7.1　表面淬火特点及组织性能

7.1.1　表面淬火工艺特点

1. 表面的硬度和耐磨性比一般淬火要高

高频感应加热时，过热度大，因此晶核多，且不易长大，淬火后组织为细隐晶马氏体。其硬度比一般淬火马氏体高2～3HRC，而且脆性较低。

2. 能提高表面的疲劳强度

表面层淬得马氏体后，由于体积膨胀使工件表层形成较大的残余压应力，显著提高工件的疲劳强度。小尺寸零件可提高2～3倍，大件可提高20%～30%。

3. 加热速度快，氧化脱碳少，工件的淬火变形也小。

4. 加热温度和淬硬层厚度容易控制，便于实现机械化和自动化。

由于以上特点，感应加热表面淬火在机床、汽车、工程机械、矿山机械等制造行业的热处理生产中得到了广泛的应用，其缺点是设备较贵，形状复杂的零件实现表面淬火较困难。

7.1.2　快速加热时的相变特点

快速加热时加热速度对相变温度、相变动力学和形成的组织都有很大影响。钢铁材料在失去磁性之后，加热速度下降数倍，这是感应加热的特性。

分析感应加热中加热速度对有关相变过程的影响时，应采用失磁后的加热速度，它能客观地反映相变温度区间的加热条件，可称为相变区间的加热速度。相变区间的加热速度可以由试验确定。

1. 快速加热时加热速度对相变温度的影响

快速加热时加热速度对 Ac_1、Ac_3 和 Ac_{cm} 会产生影响。对纯铁、亚共析钢中自由铁素体和各种不同原始组织的共析钢（T8）等材料的临界点与加热速度的试验显示。对所有试验材料，其临界点均随加热速度的增大而增高。铁素体-碳化物组织越粗大，临界点上升也越快。在快速加热时，加热速度越快，相变进行最激烈的温度和完成相变的温度越高。但亚共析钢中的自由铁素体向奥氏体转变的上限温度不会超过 910℃，因为此时 α-Fe 可以在无碳的条件下转变为 γ 相。

2. 加热速度对相变动力学的影响

在一般等温加热的条件下，珠光体向奥氏体转变的速度随等温温度的提高而加快。在连续加热的条件下，珠光体向奥氏体转变加热速度越大，进行相变的温度越高，而所需要的时间则越短。在加热温度相同的条件下，加热速度越高，奥氏体的稳定性越差。这是由于加热速度越高，加热时间越短，形成的奥氏体晶粒越细小，且成分越不均匀。提高加热温度，奥氏体的稳定性将增加。

3. 加热速度对奥氏体晶粒大小的影响

对具有均匀分布的铁素体和渗碳体组织的钢进行快速加热时。当加热速度由 0.02℃/s 增高到 100～1000℃/s 时，初始奥氏体晶粒度由 8～9 级细化达到 13～15 级。加热速度为 10℃/s 左右时，初始奥氏体晶粒度为 11～12 级。采用 100～1000℃/s 的加热速度则得到 14～15 级的超细化晶粒。

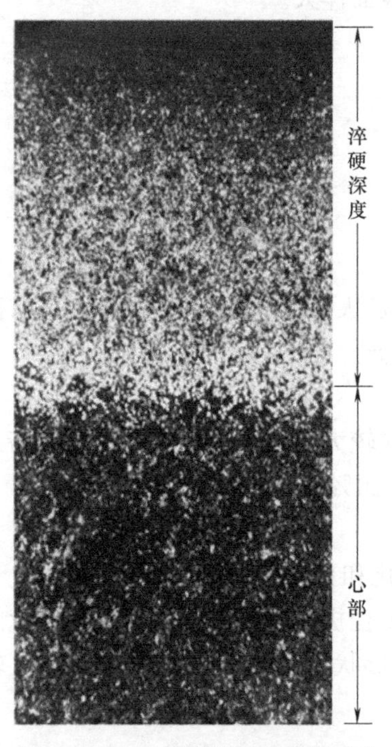

图 7-1 40Cr 调质处理后高频感应淬火的典型组织（100×）

对含有自由铁素体的亚共析钢，当加热速度很快时，为了全部完成奥氏体转变，必须加热到较高的温度。因而会导致奥氏体晶粒的显著长大。

在生产中采用大于 3～10℃/s 的加热速度，可得到 11～12 级的奥氏体晶粒。如要得到 14～15 级的超细晶粒，必须预先进行淬火或调质以消除自由铁素体，并采用高达 100～1000℃/s 的加热速度。

钢的原始组织不仅对相变速度起着决定性的作用，而且还会显著地影响淬火后的组织和性能。原始组织越细，两相接触面积越大，奥氏体形核位置越多，碳原子扩散路程越短，越会加速相变。原始组织中的组成相形貌也有很大影响。片状珠光体较粒状珠光体易于完成上述组织转变。对组织和性能要求严格的零件，采用感应淬火时，事先应对钢材施行预备热处理。结构钢的预备热处理多为调质，图 7-1 为 40Cr 调质处理后高频感应淬火的典型组织。表层为马氏体，次层为马氏体、铁素体和珠光体。心部为回火索氏体及呈网状和针状分布的铁素体。

7.1.3　表面淬火后的组织及性能

1. 快速加热对淬火钢组织的影响

在快速加热的条件下，珠光体中的铁素体全部转变为奥氏体后，仍会残留部分碳化物。即使这些碳化物全部溶解，奥氏体也不一定会完全均匀化。淬火后将得到碳含量不等的马氏体。提高加热温度可以减轻或消除这种现象，但温度过高又将导致奥氏体晶粒粗大。

对于低碳钢，即使加热到910℃上，在快速加热的条件下仍难以完成奥氏体的均匀化，有时甚至会在淬火钢中出现铁素体。

当材料和原始组织一定时，加热温度应根据加热速度选定。

2. 加热速度对表面淬火件硬度的影响

感应加热表面淬火时，在一定的加热速度下可在某一相应的温度下获得最高的硬度。提高加热速度，这一温度向高温推移。对相同的材料，经感应加热表面淬火（喷射冷却）后，其硬度比普通加热淬火的工艺高2～6HRC。这种现象被称为“超硬度”。

3. 表面淬火可提高工件表面的耐磨性

工作时发生磨损的钢件，其磨损量在很大程度上取决于硬度。对同样的材料，采用高频表面淬火时耐磨性比普通淬火高得多。

4. 表面淬火可提高工件表面的抗疲劳性能

抗疲劳性能在采用正确的表面淬火工艺和获得合理的硬化层分布时，可以显著提高工件的抗疲劳性能。如工件表面有缺口，采用表面淬火可大大消除缺口对疲劳性能的有害作用，表面淬火能提高钢疲劳强度的原因除表面层本身强度增高外，还与在表面形成很大的残留压应力有关。表面残留压应力越大，钢件的抗疲劳性能越高。淬硬层过深会降低表面残留压应力，只有选择最佳的淬硬层深度才能获得最高的疲劳性能。若硬化区分布不合理，如过渡层在工作长度内露出表面，此处就往往成为疲劳破断的起源，其结果将使疲劳寿命比不经表面淬火的工件还要低。

7.2　感应加热表面淬火

1. 基本原理

当给感应圈通以交流电时，在其内部和周围产生一个与电流相同频率的交变磁场。处于该磁场中的工件内部将会产生感应电流，由于交流电的集肤效应和邻近效应，靠近工件表面的感应电流密度大，而中心几乎为零。所以形成了一个电流透入深度，并产生电阻热来使工件表层快速加热，再经过快速冷却，从而达到工件表面淬火的目的。如图7-1所示。

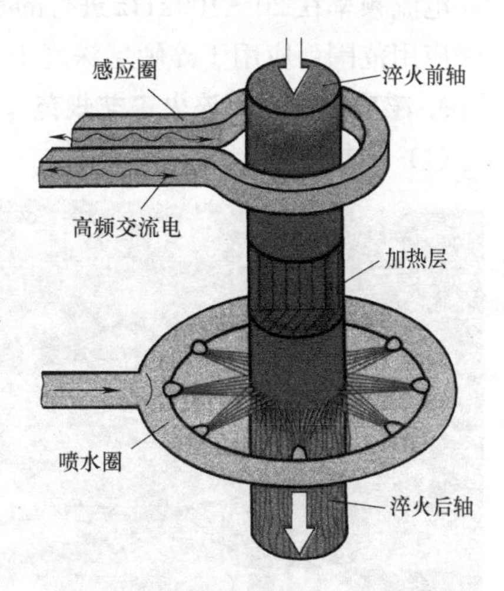

图7-1　连续感应加热和冷却过程

电流透入工件表层的深度，与电流频率有关。

对于碳钢：感应加热的深度 $\Delta_{热}$ 与电流频率 f 之间有如下经验公式：

$$\Delta_{热} \approx \frac{500-600}{\sqrt{f}}$$

式中　$\Delta_{热}$——电流透入深度（mm）；

f——电流频率（Hz）。

不同频率，可得到不同的加热层深度。f 愈大，电流透入深度愈小，表层电流密度越大，加热速度越快，加热层也愈薄。快速冷却时，得到的淬硬层深度 δ 也越浅。f 愈小，则相反。

淬硬层深度 δ 与电流透入深度的关系一般为：$1/4\Delta_{热} < \delta < \Delta_{热}$ 即 δ 不应小于 $\Delta_{热}$ 的 1/4，而以电流透入深度 $\Delta_{热}$ 的 1/2 为佳。

2. 感应加热表面淬火方法

按所用电流频率的不同，感应加热表面淬火主要分以下四种：

（1）高频淬火

电流频率在 10～1000kHz 进行的感应加热表面淬火。

应用范围：适用于淬硬层深度 0.5～2mm 的各种零件，如中小型的轴、销、杆、套类件；小模数齿轮，如机床齿轮；机床导轨和主轴等。

（2）中频淬火

电流频率在 1～10kHz 进行的感应加热表面淬火。

应用范围：适用于淬硬层深度 3～15mm 的各种零件，如中大型的轴、销、杆、套类件；中大模数齿轮，如工程机械、拖拉机用齿轮、凸轮轴；推土机和平地机铲刀板等。

（3）工频淬火

电流频率在 50kHz 进行的感应加热表面淬火。

应用范围：适用于淬硬层深度大于 15mm 的大型的轧辊和轴类件。

（4）超音频淬火

电流频率在 20～100kHz 进行的感应加热表面淬火。

应用范围：应用于淬硬层深度 1～2.5mm 的凸轮、链轮及 3～6 模数的齿轮等。

3. 感应加热表面淬火工艺规范

（1）加热方法

图 7-2　花键轴连续感应加热和冷却过程

感应加热淬火有同时加热一次淬火和移动加热连续淬火（图 7-2）两种方法。二者可视设备条件和零件种类选择。

1）硬化区短的轴类零件、模数小于 5 及齿宽不大的齿轮，一般采用同时加热一次淬火。

2）较长的轴类、销类零件、内孔淬火零件、齿宽大的中模数齿轮等，板条状零件，如铲刀板，可移动加热连续淬火方法。

3）特大齿轮等亦可采用单齿连续淬火方法。

(2) 加热参数

1) 淬火温度：是指感应加热时零件表面的加热温度。它和钢的成分、原始组织和加热速度等因素有关。由于感应加热速度快，为完成奥氏体化转变，淬火温度应比一般热处理的淬火温度高30～50℃，如果温度过高，易造成组织粗大、变形开裂、力学性能降低等不良后果；淬火温度过低，则组织转变不完全，降低硬度和强度。推荐的感应淬火加热温度见表7-1。如材料为含Cr、Mo、W、V等多种元素的合金钢时、其淬火温度要再高些。实际生产中，一般也可以根据经验或试淬来确定。

2) 加热时间和速度：要根据零件的材料、技术要求、形状、尺寸、电流频率、比功率、感应器与工件的间隙、感应器效率等多种因素而定。在实际生产中在给定的功率下以能达到零件的表面硬度、硬化层深度和金相组织等技术要求为准来确定。

钢和铸铁的感应加热淬火温度 **表7-1**

材料	淬火温度(℃)	材料	淬火温度(℃)
ω(C)为0.30%的碳钢或合金钢	900～930	ω(C)≥0.90%的碳钢或合金钢	820～840
ω(C)为0.35%的碳钢或合金钢	900	3Cr13	1090～1150
ω(C)为0.40%的碳钢或合金钢	870～900	灰铸铁	870～890
ω(C)为0.45%的碳钢或合金钢	870～900	可锻铸铁	870～930
ω(C)为0.50%的碳钢或合金钢	870	球墨铸铁	900～930
ω(C)为0.60%的碳钢或合金钢	840～870		

3) 电参数：感应加热的输出功率取决于设备的类型、频率及各种电压、电流、功率因子等电参数的调整，合理的调整可保证输出功率正确有效，从而保证加热温度和加热速度及淬硬层深度。最终保证表面淬火质量。

(3) 冷却方法及冷却介质

1) 冷却方法：感应加热的淬火冷却方式通常采用喷射冷却和浸入冷却。一般连续加热淬火采用连续喷射冷却，同时加热一次淬火则采用浸入冷却或一次整体喷射冷却。

2) 冷却介质：根据淬火零件的材料、几何形状，可分别选用水、油、聚乙烯醇水溶液及聚醚水溶液等为淬火液。推荐用水溶性合成淬火介质取代油。水和聚乙烯醇水溶液适合喷射冷却，油只适用于合金钢的埋油冷却。

(4) 回火

感应加热淬火的零件常用的回火方法有自行回火、炉中回火和感应回火。

1) 自行回火：是采用控制零件淬火冷却时不冷透，利用余热来回火的方法。

2) 炉中回火：将工件放入加热炉中加热（一般150～200℃），保温（1.5～2h）然后出炉空冷至室温。如表面淬火件不要求高硬度，回火温度可按正常回火温度执行。

3) 感应回火：采用低的电流频率和比功率来感应加热进行回火的方法。

工业生产中，批量件一般都采用炉中回火，质量稳定。小批量时可采用另外两种方法，能提高生产效率、节约能源，但质量有一定的不稳定性。且不适合小尺寸的零件。

4. 表面淬火适用的金属材料

(1) 中碳钢和中碳低合金钢

即各类调质钢，如40、45、40Cr、40MnB、40CrMo钢等。

这类钢经预先热处理（正火或调质）后表面淬火，心部保持较高的综合机械性能，而表面具有较高的硬度、耐磨性和疲劳强度。

（2）铸铁

如球墨铸铁、可锻铸铁、灰铸铁及合金铸铁。有一些高碳钢也可表面淬火，主要用于受较小冲击和交变载荷的工具、量具等。

7.3 火焰加热表面淬火

火焰加热表面淬火是指用乙炔-氧或煤气-氧等燃烧火焰加热工件表面，并快速冷却的淬火方法。其目的与表面淬火一致。

1. 火焰加热表面淬火的特点

火焰加热表面淬火和高频感应加热表面淬火相比，具有设备简单，场地灵活，成本低，操作方便灵活等优点。缺点是生产率低，劳动强度大，零件表面容易过热，淬火质量不易控制。表面硬度和淬硬层深度不均和不稳定。

2. 火焰加热表面淬火应用范围

主要适用于各种形状的单件、小批量生产及大型零件（如大型齿轮、轴、轧辊等）的表面淬火或者局部淬火。

3. 火焰加热表面淬火过程及操作注意事项

（1）淬火前准备

使用的主要设备有喷枪、喷嘴、乙炔发生器、氧气瓶、淬火机床等。淬火件要做预先热处理如正火或调质；淬火前对工件进行检查和清理。

（2）预热

对合金钢件、铸钢件、铸铁件可提前预热，减少变形开裂倾向。

（3）淬火加热

火焰加热表面淬火温度比常规淬火温度要高，一般在 Ac_3 +（80～100℃），常取880～950℃。操作时多凭经验及调整喷嘴移动速度来控制。

（4）冷却

冷却介质多采用水或聚乙烯醇水溶液。冷却方式与感应加热淬火冷却方式类似，如连续喷射冷却是将喷水嘴置于喷火嘴的下方，从而实现连续加热和连续冷却。

（5）回火

淬火后应立即回火，以消除应力，防止变形开裂。回火温度根据硬度要求来定，一般180～200℃，保温时间一般为1～2h。

7.4 其他高能密度表面加热淬火

7.4.1 激光表面淬火

激光表面淬火是激光表面改性领域中最成熟的技术。它是高能激光束照射到工件表面，使表层温度迅速升高至相变点之上（低于熔点），由于金属良好的导热性，当激光束移开后，通过工件快速的自激冷却，实现材料的相变硬化。

激光表面淬火具有以下主要特点：材料高速加热和高速冷却，加热速度可达10^4～10^9℃/s，冷却速度大于10^4℃/s；激光表面淬火件的硬度高，通常比常规淬火高5%～10%，淬火组织细小，硬化层深度约为0.2～0.5mm；由于加热和冷却速度快，热影响区小，对基材的性能及尺寸影响小；易于实现局部、非接触式处理，特别适于复杂精密零件的硬化加工；生产效率高，易实现自动化操作，无需冷却介质，对环境无污染。由于激光聚焦深度大，在离焦点75mm范围内的能量密度基本相同，所以激光淬火处理对工件尺寸及表面平整度没有严格的要求，能对如拐角、沟槽、盲孔等形状复杂件进行处理。激光淬火变形非常小，甚至难以检查出来，处理后的零件可直接送至装配线进行装配。

钢铁材料激光表面淬火后，表层分为硬化区、热影响区和基体三个区域。硬化区与常规淬火相似，过渡区则为部分马氏体转变区域。

激光表面淬火加热速度和冷却速度快，对晶粒有明显的细化作用，同时，激光表面淬火层具有一系列优异的力学性能。

（1）硬度：激光表面淬火比常规淬火、高频感应加热淬火具有更高的硬度。高速钢经激光表面淬火后，在随后的加热过程中能保持比常规淬火更高的硬度。

（2）耐磨性：激光表面淬火后材料表面发生马氏体相变，晶粒细化，表面硬度提高，可较大幅度地提高材料表面耐磨性。

（3）残留应力和疲劳性能：材料表面的残留应力是由激光表面淬火处理过程中的组织应力和热应力共同决定的，激光表面淬火的工艺参数对残留应力影响很大。一般来讲，激光功率密度增加或扫描速度降低，硬化层厚度增加，将会提高表面的残留压应力；相反则硬化层厚度降低，表面残留压应力减小，甚至出现残留拉应力，两次重叠处理极易出现残留拉应力。

材料表面的应力状态直接影响材料的疲劳性能。采用合适的激光表面淬火工艺，可使金属材料的显微组织明显细化、表面硬度提高并具有残留压应力，从而有效地提高材料的疲劳抗力。如30CrMnSiNi2钢经激光表面淬火后，其圆角试样的疲劳性能可提高98%。

7.4.2　电子束加热表面淬火

利用电子束加热表面淬火时，一般都通过散焦方式将功率密度控制在10^4～10^5W/cm^2，加热速度在10^3～10^5℃/s。加热时，电子束流以很高的速度轰击金属表面，电子和金属材料中的原子相碰撞，给原子以能量，使受轰击的金属表面温度迅速升高。并在被加热层同基体之间形成很大的温度梯度。金属表面被加热到相变点以上的温度时，基体仍保持冷态，电子束轰击一旦停止，热量即迅速向冷态基体扩散，从而获得很高的冷却速度，使被加热金属表面进行“自淬火”。对45钢和GCr15钢等材料进行电子束表面淬火试验，结果表明，45钢硬度可达62.5HRC，最高硬度可达65HRC；GCr15钢淬硬层硬度均高于66HRC。

电子束表面淬火工艺，曾用于汽轮机末级叶片进汽边的防水蚀强化。叶片处理时，采用叶片移动速度为5 mm/s，这样可以保证硬化深度在0.5mm以上，达1mm左右。由于硬化部位在叶片进汽边的边缘，采用一次处理，叶片侧面不易硬化，可以采用两次处理的方法。首先处理侧面，然后处理背弧面。电子束表面淬火畸变很小，与其他处理工艺相比畸变小得多，畸变可以减少一个数量级。

实验六 钢的感应淬火工艺实验

一、实验目的

1. 了解感应加热原理；

2. 掌握高频感应加热表面淬火工艺特点及应用范围；

3. 掌握表面感应淬火组织特点，能够进行组织识别；

4. 掌握淬硬层深度测量方法。

二、实验要求

学生在掌握钢的感应加热原理及表面淬火工艺的相关知识的基础上，在规定时间内，完成实验操作过程；完成实验报告；完成讲评总结。

三、实验学时

4 学时。

四、实验设备及材料

高频感应淬火设备、布氏硬度计及标准试块、洛氏硬度计及标准试块、维氏硬度计及标准试块、砂轮机、金相显微镜、金相砂纸、4%硝酸酒精、脱脂棉、镊子等，每组分别准备 45 钢试块若干。

五、实验分组

老师组织学生分组，6～8 人为一组。学生以小组为单位共同完成实验项目，但对于实验项目的内容和要求，每个同学都要求掌握。

六、实验内容和步骤

1. 实验内容

(1) 熟悉高频感应加热设备的操作方法和注意事项；

(2) 按操作说明，设备高频淬火工艺参数（加热器与工件位移速率 V，加热功率 W），按组完成实验操作；

(3) 测定硬度数值，注意进行硬度实验数据的记录；

(4) 完成金相试样制备及组织观察；

(5) 按照《钢的感应淬火或火焰淬火后有效硬化层深度的测定》GB/T 5617—2005 完成淬硬层深度测量；

(6) 小组集体分析讨论数据的正确性，确定最终实验数据结果和实验结论。

2. 实验步骤

项目资讯	在了解项目任务及实训目的后，以小组为单位，讨论、分析、提问、查阅与钢的感应加热表面淬火相关知识，以及硬度检测操作、安全、质量等相关知识。各岗位要清楚自己的职责、知识点和技能点
决策	小组成员可各自提出实验方案，在讨论的基础上，确定其实施方案
计划	编写实施方案（参数及内容涉及：使用设备及型号、工装、工具、质量检查项目、技术要求）；制定工作计划（包含工序步骤、小组分工）
实施	操作前准备工作，检查设备、工具、工装、硬度计和显微镜等；按照工作计划来进行操作，在加热设备上输入加热温度、保温时间等工艺参数；工件装炉，并按照工作计划和设备说明来进行操作

续表

检查	检查所用钢的表面质量、是否开裂及变形；检测硬度并记录数值；完成金相制备及组织观察。留好样件做备查。 检查设备、工装、工具、仪器等是否损坏、丢失；是否摆放到位；维护设备及清扫卫生
评价	参照情境学习考核标准及项目任务完成情况进行自我评价、小组互评，学生完成实训报告的填写。最后老师总评
其他	实训完毕，清理场地，检查整理工具、设备，是否遗落或损坏，如有遗失或损坏应向指导教师说明情况和原因，填写情况报告书

3. 实验结果

组别	45钢试样(P1)				45钢试样(P2)				45钢试样(P3)				45钢试样(P4)			
	V_1	V_2	V_3	V_4	V_1	V_2	V_3	V_4	V_1	V_2	V_3	V_4	V_1	V_2	V_3	V_4
第一组																
第二组																
第三组																
第四组																

七、实验评价

以下为考核标准和考评内容。

考评项目	考评内容	成绩占比
专业能力	1. 了解感应加热原理； 2. 掌握高频感应加热表面淬火工艺特点及应用范围； 3. 掌握表面感应淬火组织特点，能够进行组织识别； 4. 掌握淬硬层深度测量方法	40%
方法能力	1. 能熟练运用专业知识；具备收集查阅处理信息能力； 2. 能正确制定工作计划和实施方案；工艺方案思路清晰正确； 3. 具备分析和解决问题的能力。善于记录总结项目过程数据等	30%
项目检查	1. 实验过程及结果正确，具备处理问题和采取措施的能力； 2. 实验报告完成质量好，善于进行项目总结。小组总结完成好； 3. 实验完成后，清理、归位、维护和卫生等善后工作到位	20%
社会能力	工作与职业素养、学习态度、责任心、团队合作精神、交流及表达能力、组织协调能力、质量意识、安全意识和环保意识。遵守教学管理制度情况、遵守安全操作规程情况；设备维护保养及爱护情况；是否有脱岗情况；回答问题情况；小组成员配合情况	10%
总评	合计分数	

思 考 题

1. 简述表面淬火的目的、应用和种类。

2. 简述感应加热表面淬火的基本原理。
3. 简述感应加热表面淬火方法种类及各自的应用范围。
4. 简述感应加热表面淬火适用的金属材料及预先热处理。
5. 简述感应加热表面淬火的工艺特点。
6. 以花键轴为例简述其感应加热表面处理工艺规范的内容。
7. 简述火焰加热表面淬火的工艺特点及应用范围。
8. 简述火焰加热表面淬火的工艺过程。

第7章拓展知识
数控淬火机床
在典型零件感应
淬火中的应用

第 8 章　化学热处理

能够满足零件承受复杂载荷性能要求的工艺方法除了表面淬火外还有化学热处理，化学热处理比表面淬火在性能等方面有独特的优势。

8.1　化学热处理概述

1. 概念

化学热处理是把钢件放在含预渗元素的活性介质中，加热到预定的温度，保温一定的时间，使该元素渗入到工件的表层中，从而改变表层的成分、组织、性能的工艺方法。

2. 目的

使工件获得表面高硬度、高耐磨性、高的疲劳强度，而工件心部具有良好的强韧性。还可提高零件的抗腐蚀性、抗氧化性等。

3. 应用

广泛应用于承受交变和冲击载荷、表面磨损等复杂载荷的各种零件。

4. 化学热处理基本原理

大多数化学热处理方法的物理化学过程基本相同，都要经过分解、吸收和扩散三个过程。

(1) 介质分解

加热时炉内的化学介质分解，释放出欲渗入元素的活性原子。

(2) 表面吸收

分解出的活性原子在钢件表面被吸收并溶解，超过溶解度时则形成化合物。

(3) 原子扩散

渗入的原子在浓度梯度的作用下由表向里扩散，形成一定厚度的扩散层。

形成的渗层使钢表层的化学成分发生了很大的变化，有的化学热处理还需进行淬火回火等热处理工艺才能提高工件表面的性能，有的则直接提高了工件表面的性能。

5. 种类

按照表面渗入的元素不同，化学热处理可分为渗碳、渗氮、碳氮共渗、渗硼、渗铝、渗铬等。

8.2　钢的渗碳

渗碳是将钢件在渗碳介质中加热并保温，使碳原子渗入钢件表层的化学热处理工艺。

(1) 目的

为了增加钢件表层的碳质量分数和获得一定碳浓度梯度，再经过淬火和回火后，可提高钢件表面的硬度、耐磨性和疲劳强度，而使心部仍保持良好的强韧性和塑性。

（2）应用

用于承受大的交变接触应力、严重磨损和较大冲击载荷的零件，例如各种变速变向齿轮、凸轮轴、活塞销、套筒、缸套等。

（3）渗碳用钢

ω_C=0.15%～0.25%的低碳钢和低碳合金钢，如20、20Cr、20CrMnTi、20Cr2Ni4A、20SiMnVB等。

（4）渗碳工艺种类

主要有气体渗碳、固体渗碳、液体渗碳、真空渗碳、高频加热渗碳等。

8.2.1 气体渗碳

1. 气体渗碳过程

将工件置于密封的气体渗碳炉（图8-1）中，加热到900～950℃，向炉内滴入易分解的有机液体（如煤油、甲醇、丙酮等），或直接通入渗碳气体（如煤气、石油液化气等），通过一系列反应产生活性碳原子，在保温过程中，活性碳原子被工件表面吸收、扩散，形成渗碳层。

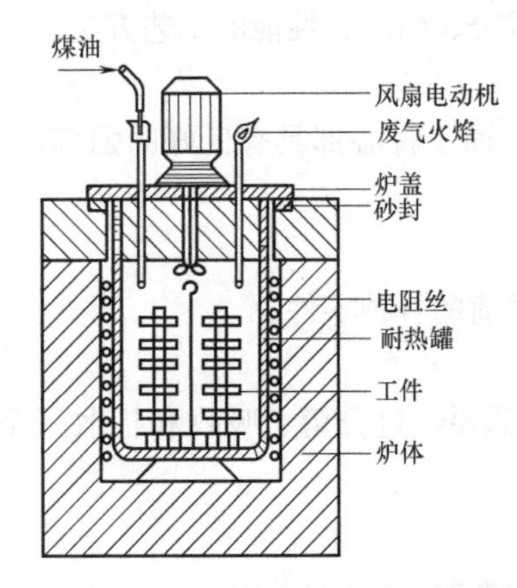

图8-1 井式气体渗碳炉示意图

炉中主要的反应：

$2CO \rightarrow CO_2 + [C]$ $\quad CO_2 + H_2 \rightarrow H_2O + [C]$

$C_nH_{2n} \rightarrow nH_2 + n[C]$ $\quad C_nH_{2n} \rightarrow (n+1)H_2 + n[C]$

2. 工艺特点

气体渗碳的优点是生产效率高，劳动条件好，渗碳过程中的碳势等参数易于控制，不受零件形状的限制，有利于进行直接淬火。渗碳层的质量和机械性能较好。应用广泛，是汽车、工程机械、机床制造等行业主要的渗碳方法。

3. 工艺

（1）加热温度

一般在900～950℃，渗碳后零件表面含碳量在0.85%～1.05%范围内最好，如含碳量低则零件表层硬度低，耐磨性差，过高脆性大，易剥落，淬火后残余奥氏体多，表面性能下降。

（2）渗碳时间

取决于渗层厚度的要求。在900℃渗碳，保温1h，渗碳厚度为0.5mm；保温4h，渗层厚度可达1mm。渗碳时间越长，渗碳层越厚。

标准一般规定从渗碳表面到过渡区一半组织处作为渗碳层厚度。

渗碳后如缓冷至室温，钢的组织表层为$P+Fe_3C_{II}$的过共析钢，心部为$F+P$的亚共析钢，中间为过渡区，如图8-2所示。

（3）渗碳后的热处理

1）直接淬火：渗碳后将工件缓冷至830～850℃后保温一些时间，然后出炉直接油冷。其特点是工艺简单，生产效率高，节约能源，成本低，脱碳倾向小，但由于渗碳温度高，奥氏体晶粒长大，淬火后马氏体较粗，残余奥氏体也较多，工件易变形，只适用于合金渗碳钢中的本质细晶粒钢。

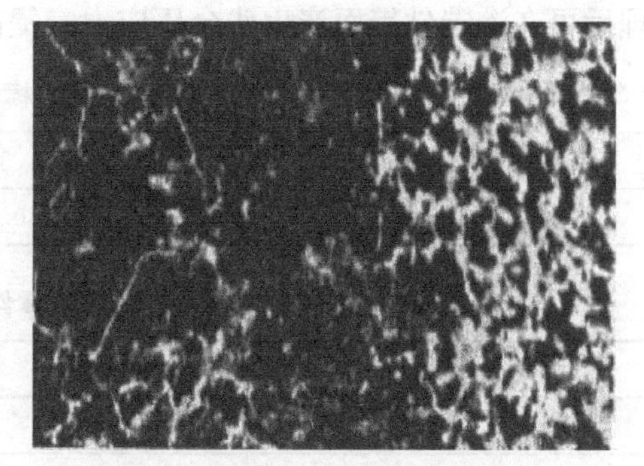

图 8-2　低碳钢渗碳缓冷后的组织

2）一次淬火：渗碳缓慢冷却之后，重新加热到临界温度以上保温后淬火。该方法主要用于渗碳后还需切削加工的零件；易过热的碳钢和单含锰的钢件；不易直接淬火，但为了减少变形而在压床上淬火的零件等。

3）回火：渗碳、淬火后要进行低温（150～200℃）回火，以消除淬火应力和提高韧性。

4. 钢渗碳、淬火、回火后的组织和性能

（1）组织

硬化层为高碳回火马氏体＋碳化物＋残余奥氏体，心部主要为低碳回火马氏体。

（2）性能

表面高硬度，一般 58～64HRC、高的耐磨性和疲劳强度，心部强韧性较好，淬硬后得到低碳马氏体，低温回火后硬度可达 30～45HRC。

5. 渗碳件技术要求

渗碳件一般属于比较重要而又易损的零件，也是企业生产质量管理中，重点监测的对象。因此，其对性能、组织和变形等方面的技术要求比其他零件相对较高和复杂。一般技术要求主要有下面几项：

（1）外观和变形：不能有裂纹、碰伤、氧化皮及变形超标。

（2）硬度

渗碳件的表面硬度一般要求 56～64HRC，心部硬度一般 33～48HRC。

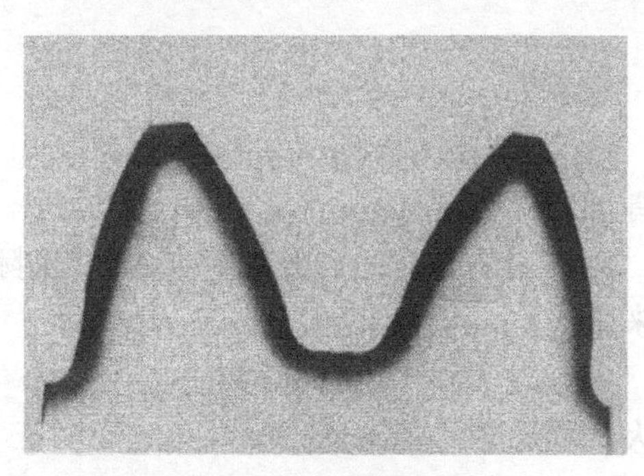

图 8-3　齿轮渗碳层厚度

（3）渗碳层厚度

零件的渗碳层含碳量在 0.85％～1.05％范围内最好，渗碳层厚度（图 8-3）决定于其尺寸及工件条件，一般为 0.5～2.5mm。例如，齿轮的渗碳厚度由其工作条件及模数等因素来确定。表 8-1 和表 8-2 列举了汽车齿轮和一些机床零件的渗碳层厚度。

（4）显微组织

要求渗层淬火后马氏体、残余奥氏体和碳化物及心部铁素体的组织级别要达到相关标准要求。这些组织的数量和大小将直接影响零件的表面耐磨损和抗疲劳等性能。

（5）喷丸

重要的渗碳件一般都要求最后进行喷丸处理，其目的是为了提高表面疲劳强度。喷丸就是将渗碳件放入喷丸机中，用一定压力喷射的铁丸轰击渗碳件的工艺方法。经过喷丸处理后可在渗碳件表面产生残余压应力，提高表面疲劳强度，并可清洁工件。

汽车齿轮的模数和渗碳层厚度要求　表 8-1

齿轮模数(m)	2.5	3.5～4	4～5	5
渗碳层厚度(mm)	0.6～0.9	0.9～1.2	1.2～1.5	1.4～1.8

一些机床零件的渗碳层厚度要求　表 8-2

渗碳层厚度(mm)	应用举例
0.2～0.4	厚度小于 1.2mm 的摩擦片、样板等
0.4～0.6	厚度小于 2mm 的摩擦片、小轴、小型离合器、样板等
0.7～1.1	轴、套筒、支撑销、活塞、离合器等
1.1～1.5	主轴、套筒、活塞、大型离合器等
1.5～2.0	大模数齿轮、凸轮、齿轮轴、大直径轴、大轴承环等

8.2.2 固体渗碳

固体渗碳是将工件与固体渗碳剂一起装入渗碳箱内，密封后于炉中加热进行渗碳的一种工艺。

1. 工艺特点

缺点是生产效率低，劳动条件差，表面含碳量不易控制。但是由于这种渗碳方法不需要特殊的渗碳设备，操作简单，适应性强，特别是对那些有细小内孔需要渗碳的零件。因此，目前在某些企业仍然有所采用。

2. 工艺

（1）固体渗碳剂

主要由两类物质组成：一类是产生活性碳原子的物质，如木炭、焦炭、木屑、煤粉、食用醋等，约占 90%；另一类是催渗剂，如碳酸钠、碳酸钡等。

（2）加热温度

一般在 920～950℃。

（3）渗碳时间

若在 920～930℃ 进行渗碳，要求渗碳层厚度为 0.8～1.6mm，可以按 0.12～0.15mm/h 的渗碳平均速度来计算总的保温时间（工件透热的时间已经计算在内）。实际采用的保温时间还要通过检查试样的渗碳层厚度来调整。

（4）渗碳后的热处理

一般采用渗碳后缓慢冷却，然后重新加热淬火，及低温回火。

8.3 钢的渗氮

1. 概述

渗氮是将工件在渗氮介质中加热并保温，使氮原子渗入钢件表层的化学热处理工艺。

（1）目的

使钢件表面获得更高的硬度、耐磨性、疲劳强度，还可提高钢件表面抗蚀性和耐热性。使心部仍保持良好的强韧性和塑性。

（2）应用

用于耐磨性和精度要求较高的零件，或要求耐热、耐蚀的耐磨件，如发动机汽缸、排气阀、精密机床丝杠、镗床主轴、高速柴油机曲轴、汽轮机阀门、阀杆、工具等。

（3）渗氮用钢

碳钢渗氮时形成的氮化物不稳定，加热时易分解并聚集粗化，使硬度明显降低。因此，渗氮钢中常加入Al、Cr、Mo、V等合金元素。它们的氮化物AlN、CrN、MoN等都很稳定，并在钢中均匀分布，产生弥散强化，使钢的硬度提高，热硬性提高，在600～650℃也不降低，常用的渗氮专用钢有35CrAlA，38CrWVAlA，38CrMoAlA等。一些合金调质钢如40Cr、40CrMo也可以进行渗氮工艺。

2. 渗氮工艺特点

渗氮与渗碳都是能强化工件表面的热处理工艺，两者相比，渗氮有如下特点：

（1）更高的表面硬度和耐磨性

表面硬度可达1000～1200HV，相当于66～72HRC。

（2）更高的疲劳强度

钢渗氮后，渗层体积增大，造成表面压应力，使疲劳强度大大提高。

（3）提高了工件表面的热硬性

可达到500～600℃。也使抗咬合性能得到提高。

（4）提高了工件表面的耐蚀性

工件渗氮后表面形成致密的化学稳定性较高的ε相层，所以耐蚀性好，在水中、过热蒸汽和碱性溶液中均很稳定。

（5）变形非常小

渗氮温度低，一般为500～600℃。而且渗氮后不需要淬火。因此，渗氮零件变形很小，是渗氮工艺的一大优势。

（6）生产周期长、成本高，渗氮层薄而脆

如气体渗氮有时需要50h，一般情况下，渗氮件不能承受大的接触压应力和冲击。

3. 预先热处理

零件渗氮前要进行调质处理，使心部具有综合力学性能好的回火索氏体组织。对于形状复杂或精度要求高的零件，在渗氮前精加工后还要进行消除应力退火，使渗氮前零件基本没有残余应力存在。

4. 渗氮工艺种类

渗氮工艺主要有气体渗氮、离子渗氮、液体渗氮、高频渗氮等

（1）气体渗氮

将工件放入通有氨气（NH_3）的井式渗氮炉中，加热到500～570℃，使氨气分解出活性氮原子[N]，反应式为：$2NH_3 \rightarrow 3H_2 + 2[N]$，活性氮原子[N]被工件表面吸收，并向内部扩散形成渗氮层。渗氮结束后，随炉降温到200℃以下，停止供氨、工件出炉。渗氮件正常颜色为银灰色。

（2）渗层组织

渗氮后，工件的最外层为一白色 ε 或 γ 相的氮化物薄层，很脆，但耐蚀性较好。常用精磨磨去一些；中间是暗黑色含氮共析体（$\alpha+\gamma'$）层；心部为原始回火索氏体组织。如图 8-4 所示。

一般把从工件表面到 $\gamma'+\alpha$ 层终止处的深度作为氮化层的深度，一般在 0.15～0.75mm。如图 8-5 所示。

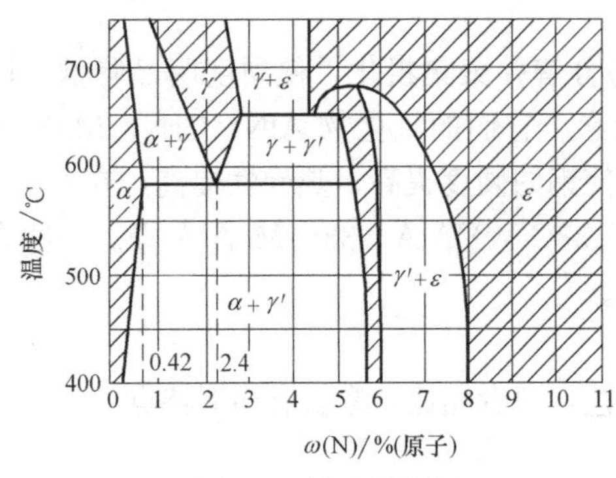

图 8-4 铁-氮相图

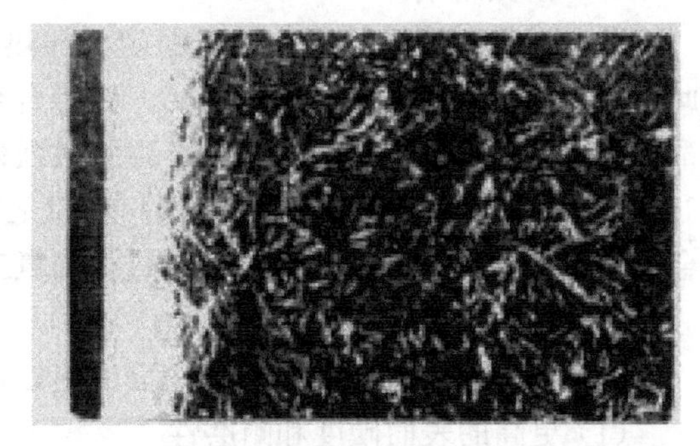

图 8-5 38CrMoAl 钢氮化层的显微组织 400×

（3）离子渗氮

1）基本原理：把清洗过的工件放入离子氮化炉内的阴极盘上，阴极盘接直流电源的负极；真空室壳和炉底板接直流电源的正极并接地。用真空泵将真空室抽至一定真空度，通入氨气，压强保持在 1.3×10^{2}～1.3×10^{3}Pa，当在阴阳极间加高压直流电到一定电压时，炉内出现辉光放电现象，氨气被电离，氮正离子轰击表面渗入并扩散到工件表面，形成 Fe_2N、Fe_4N 等氮化物渗层。

2）工艺特点：渗速快，是气体渗氮的 3～4 倍；渗层组织易控制、脆性小；工件变形小、表面质量高，呈银白色；应用材料范围广泛，渗氮前不需任何去钝化膜处理，因此不锈钢也可离子渗氮；容易实现局部渗氮；耗电量低，渗剂消耗少，对环境几乎无污染。缺点是离子渗氮设备操作复杂、成本高。不太适合不同形状、尺寸零件混装，精确测温有一定难度。

3）应用范围：能进行离子渗氮工艺的材料范围非常广泛，如结构钢、工具钢、不锈钢、铸铁、钛合金、硬质合金等。广泛用于轻载、高速条件下工作的需要耐磨耐蚀的零件及精度要求较高的细长杆类零件，如镗床主轴，精密机床丝杠、阀杆、阀门以及精密的齿轮、轴、缸套、镗杆、蜗轮等零件，还适用于各种精密的模具和刀具，参见表 8-3。

机床零件渗氮层标准深度及应用范围 **表 8-3**

公称深度(mm)	深度范围(mm)	应用举例
0.15	0.10～0.25	模数＜1.25mm 的齿轮
0.30	0.25～0.40	套、环、丝杆、垫圈、模数 1.5～2.5mm 的齿轮
0.40	0.35～0.50	直径＜100mm 的镗杆、主轴、套筒、蜗杆、镶钢导轨、模数 3～4mm 齿轮
0.50	0.45～0.55	直径＞100～250mm 的镗杆、模数 4.5～6mm 的齿轮
0.60	＞0.50	直径＞250mm 的锤杆、主轴、大型蜗杆、模数＞6mm 的齿轮

8.4　碳氮共渗

碳氮共渗是同时向零件表面渗入碳和氮的化学热处理工艺。目前以气体碳氮共渗应用较广。其主要目的是提高钢的表面硬度、耐磨性、疲劳强度和抗咬合性等。

气体碳氮共渗又分高温碳氮共渗和低温碳氮共渗两种。高温碳氮共渗以渗碳为主，应用已不多，中温碳氮共渗是碳和氮同时渗入，低温碳氮共渗以渗氮为主，实质上是软渗氮。

1. 中温碳氮共渗

(1) 工艺过程

将工件放入井式共渗炉内，加热到共渗温度830～850℃，向炉内滴入煤油，同时通以氨气，经保温后，工件表面获得一定深度的共渗层。

渗层厚度与共渗时间有关，表8-4为850℃碳氮共渗时间与渗层厚度的关系（介质为70%～80%渗碳气+20%～30%氨气）。

850℃碳氮共渗时间与渗层厚度的关系　　表8-4

共渗时间(h)	1～1.5	2～3	4～5	7～9
渗层厚度(mm)	0.2～0.3	0.4～0.5	0.6～0.7	0.8～1.0

渗后热处理：淬火+低温回火。由于共渗温度较低，无晶粒长大，一般可直接淬火。

渗层组织：碳氮共渗零件经淬火+低温回火后其表层组织为含氮的细针状回火马氏体+颗粒状碳氮化合物 Fe_2（C、N）+少量残余奥氏体。

(2) 工艺特点

比渗碳处理加热温度低、生产周期短、零件变形小、生产效率高。一般气体渗碳设备稍加改装和添置供氨系统，便可用于共渗处理。生产中还常用来代替渗碳处理。缺点是中温碳氮共渗处理后的工件表层易出现孔洞和黑色组织，碳氮共渗的气氛较难控制，容易造成工件出现氢脆等。

(3) 性能特点

工件经淬火+低温回火后得到组织是含氮回火马氏体，硬度可达60～65HRC。其耐磨性比渗碳高，而且疲劳强度和耐蚀性也比渗碳好。

(4) 应用

主要用于处理汽车、机床上的齿轮、凸轮、蜗杆、蜗轮和活塞销等耐磨零件。

2. 低温气体碳氮共渗（气体软渗氮）

(1) 工艺过程

将工件放入炉内，加热温度为550～570℃，常用的共渗介质有尿素、氨气、甲酰胺和三乙醇胺等，处理时间一般为1～4h。由于尿素低温时加热分解的氮原子比碳原子多，氮原子在铁素体中的溶解度比碳原子大，故此过程以渗氮为主，又称为氮碳共渗。

(2) 工艺和性能特点

软渗氮的实质是以渗氮为主的氮碳共渗过程，而渗碳过程形成的碳化物能促进渗氮过程的进行。所以软渗氮速度快、时间短、零件变形小。在570℃经1～4h软渗氮，表层可形成0.01～0.02mm的碳氮化合物Fe_3（C、N）层。软渗氮的Fe_3（C、N）层，硬度比渗氮时形成的Fe_2N和Fe_4N低一些，一般50～70HRC，但其韧性好，硬而不脆，不易剥落，有高的耐磨性、抗疲劳、耐蚀、抗咬合、抗擦伤等。

（3）应用

软氮化不受钢种的限制，碳钢、合金钢、工具钢、模具钢、不锈钢、铸铁、粉末冶金材料等都可进行。广泛用于模具、量具、刀具（如：高速钢刀具等）、曲轴、齿轮、气缸套、机械结构件等耐磨工件的处理。如高速钢刀具经其处理后，寿命可提高20%～200%。3Cr2W8压铸模处理后寿命可提高3～5倍，中低碳钢处理后，疲劳强度可提高60%以上。

8.5 渗硼

渗硼是在高温下使硼原子渗入工件表面形成硼化物硬化层的化学热处理工艺。

（1）目的

提高钢的表面硬度、耐磨性、疲劳强度和抗咬合性。

（2）种类

有固体渗硼、液体渗硼和气体渗硼三种。目前我国最常用的是液体渗硼法（盐溶渗硼）和固体渗硼法。

（3）液体渗硼工艺过程

将工件放入熔融状态的硼砂盐浴中，高温下硼砂发生热分解：$Na_2B_4O_7 \rightarrow Na_2O + 2B_2O_3$，然后用活泼元素（硅、铝、钙等）或碳化硅将硼从$B_2O_3$中置换出来，产生活性硼原子并渗入工件表层与铁反应生成Fe_2B或FeB渗层。盐浴渗硼温度在950℃左右，渗硼时间以4～6h为宜。

渗硼件一般不需淬火。对心部强度要求较高的渗硼件，需要淬火时，应先将渗硼后的工件在中温盐浴中预冷以减少应力，然后用油冷或分级淬火，并及时进行回火。

（4）渗硼性能及应用

渗硼使零件表面具有很高的硬度（1200～2000HV）和耐磨性，良好的抗蚀性、红硬性和抗氧化性。例如对履带销、拉伸模等进行渗硼处理，其寿命可提高7～10倍。

思考题

1. 简述化学热处理的基本原理和种类。
2. 简述渗碳淬火的目的及适用范围。
3. 渗碳淬火的技术要求有哪些？
4. 简述渗氮的目的、种类及适用范围。
5. 简述渗氮的工艺特点及适用钢种。
6. 简述辉光离子渗氮的基本原理、工艺特点及应用范围。
7. 简述碳氮共渗工艺特点及适用范围。
8. 简述为获得表面硬心部强韧，可采用哪些方法？比较各个方法的主要区别。

第 9 章　其他热处理工艺简介

除了上文介绍的一些热处理工艺外，工业上还应用了很多其他热处理工艺技术，其目的和原则都是围绕如何提高零件的机械性能和表面质量；节约能源，降低成本，提高经济效益；减少或防止环境污染等。

9.1　可控气氛热处理

将工件放入炉气成分可以控制的炉内加热进行的热处理称为可控气氛热处理。

1. 工艺特点

能减少和避免工件在加热过程中氧化和脱碳，节约钢材，提高工件质量；可实现光亮热处理，保证工件的尺寸精度和表面质量；可进行控制表面碳浓度的渗碳和碳氮共渗，可使以脱碳的工件表面复碳等。

2. 可控气氛种类和应用

（1）吸热式气氛

概念：燃料气（天然气、煤气等）按一定比例和空气混合后，通入发生器进行加热，在触媒的作用下，经吸热而制成的气体称为吸热式气氛。

应用：主要用于渗碳气氛和高碳钢的保护气氛。

（2）放热式气氛

概念：燃料气按一定比例和空气混合后，靠自身燃烧反应而制成的气体，由于反应时放出大量的热量，故称为放热式气氛。它是所有制备气氛中最便宜的一种。

应用：主要用于各种钢件防止加热时氧化用的保护气氛。

（3）滴注式气氛

概念：用液体有机化合物（煤油、乙醇等）滴入热处理炉内所得到的气氛称滴注式气氛。

应用：主要用于渗碳、碳氮共渗、软碳化、保护气氛淬火和退火等。

9.2　真空热处理

工件在真空中加热进行的热处理称为真空热处理。包括真空淬火、真空退火、真空回火和真空化学热处理等。

1. 工艺特点

（1）工件表面质量高

真空热处理可防止工件表面氧化，使工件表面的污物发生分解，并得到光亮的表面，提高耐磨性和疲劳强度。

（2）工件变形小

工件在真空中加热，升温速度很慢，可减少工件变形。

（3）有脱气作用

有利于改善钢的韧性，提高工件的使用寿命。

（4）设备较复杂，成本高

2. 真空热处理种类和应用

（1）真空退火

将工件在真空中加热、保温然后缓慢冷却的退火工艺方法。真空退火可使工件避免氧化、脱碳，有去气、脱脂的作用，除了钢、铜及其合金外，还可以用于处理一些与气体亲和力较强的金属，如钛、钽、铌、锆等。

（2）真空淬火

将工件在真空中加热、保温然后快速冷却的淬火工艺方法。真空淬火可用于各种渗碳钢、合金工具钢、高速钢和不锈钢的淬火，以及各种时效合金、硬磁合金的固溶处理。可进行模具、刃具、轴承、精密机械零件的光亮淬火。

（3）真空渗碳（低压渗碳）

真空渗碳是在高温渗碳和真空淬火的基础上发展起来的工艺。与普通渗碳相比，可显著缩短渗碳周期，减少渗碳气体的消耗，能精确控制炉内碳势及工件表层的碳浓度、浓度梯度和渗碳层深度，防止组织异常和晶间氧化，有工件表面光亮，环境污染小，改善劳动条件等优点。

9.3 形变热处理

形变热处理是一种复合热处理工艺，它是将塑性变形工艺和热处理工艺结合起来，更加有效提高材料机械性能的一种热处理工艺方法。

1. 工艺特点

能获得单一强化方法所不能达到综合力学性能，可省去热处理的重新加热，从而节约能源，省去一些加热设备的投资，减少材料的氧化损失和脱碳等缺陷。另外，形变热处理适用材料范围广，除铸铁外，几乎所有的金属材料都可以进行形变热处理。

2. 形变热处理种类和应用

（1）高温形变热处理

是将钢件加热到稳定的奥氏体区域，保温适当时间并进行塑性变形，然后立即淬火和回火的复合热处理工艺。

高温形变热处理可提高钢的强度、塑性和韧性，使钢的综合性能得到明显改善。另外，由于钢件表面有大量残余应力，还可提高疲劳强度。主要适用于一般碳钢、低合金钢结构零件以及机械加工量不大的锻件或轧材。如连杆、曲轴、弹簧、叶片及各种农机具零件。锻轧余热淬火是用得较成功的高温形变热处理工艺。

（2）中温形变热处理

是将钢加热到稳定的奥氏体区域，保温适当时间后迅速冷却到过冷奥氏体的亚稳区进行塑性变形，然后淬火和回火的复合热处理工艺。

中温形变热处理可大大提高钢的强度，而塑性不降低，甚至略有提高。还可提高钢的回火稳定性和疲劳强度。由于工艺较难控制，一般只应用于高强度弹簧钢丝、轴承和刀具等。

（3）亚温形变淬火

是将亚共析钢加热到 $Ac_1 \sim Ac_3$ 温度区间保温适当时间并进行塑性变形，然后立即淬火和回火的复合热处理工艺。

亚共析钢经亚温形变淬火后，铁素体和马氏体均沿形变方向拉长，形成了以铁素体为软基，马氏体为强化纤维的类似于纤维增强复合材料类型的组织，从而提高钢的强度、塑性和韧性。可大大改善合金结构钢的冷脆性能，降低冷脆温度，适用于低温工作条件下的结构件及冷冻设备构件的热处理。

第9章拓展知识
先进热处理技术
的发展和展望

第 10 章　热处理工艺综合案例

10.1　案例 1——锉刀的热处理

10.1.1　锉刀的工作特点和技术要求

锉刀作为用于加工金属表面毛刺或磨削的一种常用的钳工工具，同时可作切削锯片等作用，其利齿分为单剁和交叉双剁两种，按其齿的疏密程度又分为粗齿和细齿，要求其刃口具有高的硬度和耐磨性，一定的冲击韧性和足够的强度，在使用中不得掉齿，更不允许整个锉刀的折断。锉刀的形状和规格很多，常用的有平板锉、圆锉、半圆锉、方锉、三角锉等，规格从 4～8in（1in＝2.54cm）。此外还有组锉。锉刀在工作时不会发热，因此常采用碳素工具钢制造。

一般锉刀选用材料的分类如下：木工用粗锉刀含碳量通常在 0.4%～0.6%之间，主要用于轻金属的锉制；而大尺寸锉刀用钢的含碳量在 0.6%～0.8%的范围内。细锉刀用于硬的钢铁零件的锉制，一般尺寸的普通锉刀采用含碳量 1.0%～1.3%的碳素工具钢。考虑到锉刀不要求有热硬性，对韧性的要求较低，故可采用高碳工具钢 T13A、T12A 或 T13、T12 制造即可，并经热处理，其硬度较高。

1）高的硬度：在齿根以下 0.5mm 处的硬度应为 62～67HRC。

2）表面层（齿根至其下 0.5mm 处的表层）的金相组织要求是隐晶或细小马氏体＋细粒状碳化物，不允许有连续的网状碳化物，极细珠光体量限制在 1%以下。

3）组织中不允许出现石墨碳，否则将使锉刀的强度降低。对普通的锉刀的含碳量一般控制在 1.0%～1.3%，这类锉刀是要求具有高的硬度。其失效形式为磨损、变形等。如图 10-1 所示。

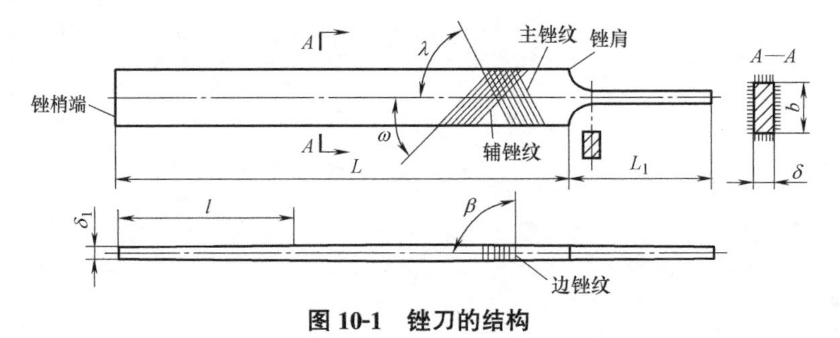

图 10-1　锉刀的结构

10.1.2　锉刀的加工工艺流程

以 T12 钢锉刀为例，其一般的工艺流程为：热轧成形→下料→锻把→锻梢→球化退火→磨光→剁纹（或滚齿）→热处理→酸洗→浸油→包装。有的锉刀则是在热处理后进行镀铬处理。

其中锻造成形后的退火为球化退火工艺，(760～770)℃×(4～5)h+(670～680)℃×(5～6)h，随炉冷却到500℃出炉空冷。为了防止氧化脱碳，对于锉刀可采用装罐保护退火。

对于大尺寸锉刀的毛坯不予保护，一般脱碳层均在磨削量以内。退火多在反射炉内完成，退火后的硬度为160～197HBW，组织为4～6级球状珠光体，脱碳层一般小于0.4mm。

10.1.3　锉刀的热处理工艺

（1）锉刀的热处理技术要求

刃部硬度为64～67HRC，柄部硬度为≤35HRC；齿尖淬硬深度>1mm；金相组织应为齿部无脱碳，马氏体的级别小于3级；变形弯曲量≤04mm/100min。

（2）锉刀的热处理流程为

加热→冷却→热校直→冷却到室温→清洗→回火及清洗→质量检查。

（3）热处理工艺

在锉刀的热处理过程中，防止齿部淬火脱碳和具有熟练的校直技术是锉刀热处理的关键，因此一般进行高频感应加热，或在可控气氛炉内处理，如没有条件则可在含有黄血盐的盐浴炉中进行。一般黄血盐的成分为：50%氯化钠+35%黄血盐+15%碳酸钠，也可采用70%氯化钠+30%碳酸钠，另外加少量的黄血盐脱氧，盐浴中应含有3%～6%的氰根（CN^-），该盐浴为中温、流动性好，目的是防止加热过程中锉刀表面的氧化脱碳。有资料介绍，在实际加热过程中黄血盐的成分可在10%～40%范围内波动。

1）加热温度为750～790℃，保温时间根据热处理设备的不同来正确选择。淬火温度控制在下限较好，保温时间一般为10～12min。

2）冷却介质：为饱和的氯化钠水溶液，或温度应低于20℃流动的清水，以确保有足够的冷却性能，使锉刀获得高的硬度。小锉刀可采用较高的淬火温度，在160～180℃的碱浴中冷却。

3）锉刀的低温回火处理，通常是在硝盐炉中进行的，其工艺规范为（160～180)℃×(60～90)min。

10.1.4　锉刀的热处理工艺分析及实施要点

（1）锉刀在介质中冷却到180℃以下，利用热塑性原理，在奥氏体未转变为马氏体前，应取出快速进行手工校直，锉刀在短时间内校直后再放入介质中冷透，完全淬硬。因此出水的早晚则直接影响到校直的效果，要求锉刀应在短时间内校直完毕。

（2）在实际的热处理过程中，对于整体淬火的锉刀而言，需要进行柄部的退火处理，通常降低柄部硬度的方法有四种：①在盐浴炉中短时间加热柄部后油冷；②将柄部在500℃左右回火后在油中冷却；③对柄部进行高频感应加热；④淬火冷却时，锉刀的齿部先入水，待柄部为暗红色时再将锉刀整体冷却，以获得低的硬度。

如果检查锉刀的柄部硬度高于要求，则在清洗后将柄部再放在500℃的100%的硝酸钾浴槽中进行局部回火，为了防止齿部硬度受到影响，回火结束后应立即在油中快速冷却。当然也可采用高频加热退火。确保硬度在 35HRC 以下。

(3) 锉刀热处理的关键是防止齿部淬火脱碳和掌握冷却技巧，也是控制其变形的重点工序，其变形的特点与锉刀的形状和表面状态有很大的关系。对半圆锉在冷却时其弧形部分易向内侧弯曲，故应对其预变形；或者弧面向下与介质成 45°入水，对于平锉、圆锉、三角锉和方锉等放入时与液面垂直。

平板锉和半圆锉入水后要往复摆动，摆动时侧面朝前，以防止弯曲；圆锉、方锉以及三角锉入水后要在水中绕圈搅动，冷却到 140～180℃检查弯曲变形情况。需要说明的是半圆锉最容易变形，平板锉和圆锉次之，三角锉和方锉变形不大。产生弯曲变形的锉刀要趁热校直，校直方法为凹面朝上，将前端卡在凉的槽钢之间，用力按住柄部，同时向凹面撩水，校直后置于空气中缓冷，以减少形成裂纹的可能性。另外也可采用木或软锤棒将其变形部分校直。

(4) 锉刀的校直温度要正确掌握，出水早则硬度低，不符合技术要求；出水晚了会造成校直困难或无法校直，甚至产生裂纹和折断现象。因此需要有熟练而快速的操作技术。才能确保校直的效果，实践表明由于锉刀的齿部冷却速度快于心部，其硬化时间不同，故在水中冷却应控制在尽可能短的时间范围内，可通过试验确定最佳的冷却工艺参数。

(5) 盐浴加热淬火后的锉刀。沾附有残盐和污垢，应采用钢丝刷刷去，并在煮沸的石灰水中煮洗 3～5min，一则锉刀的表面洁净和美观；二则可中和盐浴中氰根离子，实现环保和水的无污染排放。

10.1.5 锉刀的热处理质量检验

(1) 由于锉刀的齿尖部分很难用硬度计进行检查，因此淬火后硬度的检验一般是在硬度为 54～57HRC 的钢片，在锉刀上平着从前端拉向柄部(图 10-2)，钢片应粘在锉刀上，其衡量的依据为：在钢片上出现许多划痕，不应出现打滑现象（不挂板），锉刀也不能出现齿部压碎或崩齿的现象。为了检查锉刀有无裂纹，可采用锉刀敲击铁砧或金属块，如有裂纹则发出嘶哑的声音。

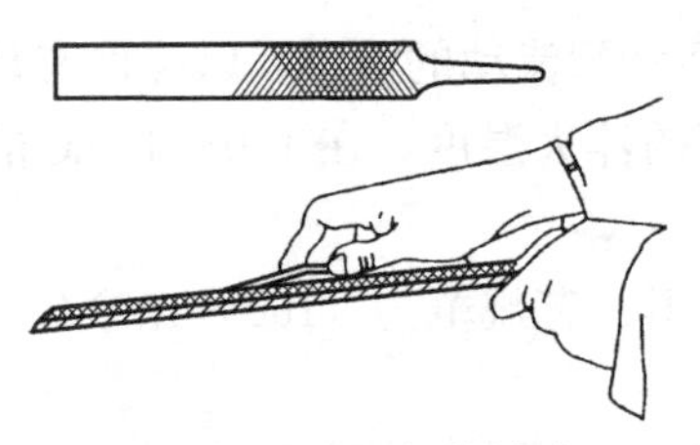

图 10-2 采用钢片检验锉刀硬度的方法

(2) 锉刀的金相检验是破坏性的，采用镶嵌法进行。

(3) 锉刀的弯曲变形采用塞尺检查，对于齿部变形超差的锉刀多进行退火后重新淬火处理。

10.2 案例 2——数控机床滚珠丝杠热处理

10.2.1 工件名称

数控机床滚珠丝杠。如图 10-3 所示，材料为 GCr15 钢。

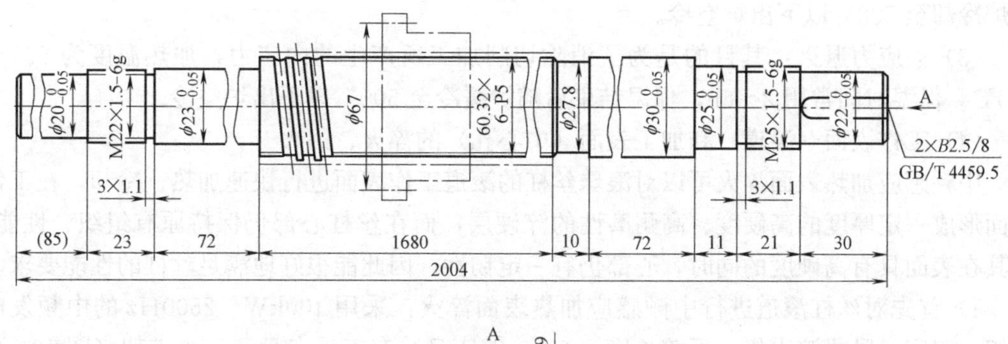

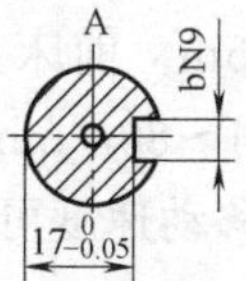

图 10-3 滚珠丝杠示意图

10.2.2 热处理技术条件

硬度 58～63HRC，淬硬层要求厚度均匀，无软带，螺纹底部硬化层深度≥1mm。

10.2.3 加工工艺流程

下料→正火→热校直→球化退火→粗机械加工→去应力退火→精机械加工→中频感应加热表面淬火＋低温回火→粗磨半精加工→低温时效→精磨。

10.2.4 热处理工艺规范（图 10-4）

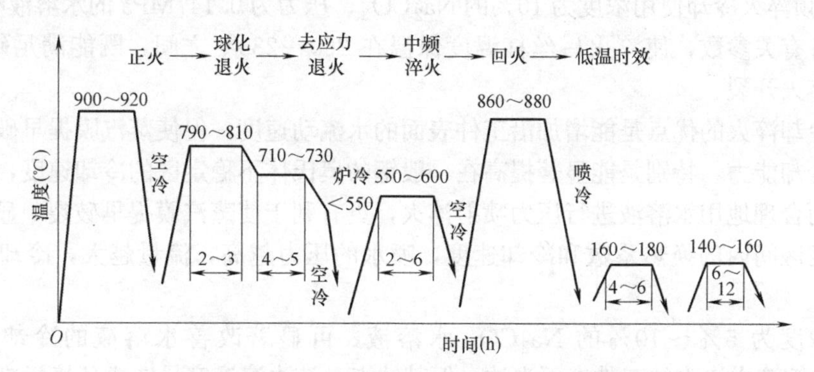

图 10-4 GCr15 钢滚珠丝杠热处理工艺规范

10.2.5 热处理工艺分析及实施要点

（1）当原材料中网状碳化物或带状碳化物不合格时，应进行正火和球化退火处理；反之，可省去正火工序。

（2）球化退火：可采用功率 100kW 左右的 3m 井式电阻炉进行等温球化退火，为了尽量减少变形，在常温下批量集中吊挂装炉。等温球化退火的加热温度为 790～810℃、保温 2～3h，然后以≤30℃/h 的速度缓慢冷却至 710～730℃，再保温 4～5h，保温结束后随炉冷却至500℃以下出炉空冷。

(3) 去应力退火：其目的是为了消除切削加工所产生的内应力，加热温度为550～600℃，保温时间常用2～6h，保温结束后随炉缓冷至500℃以下出炉空冷。

(4) 工作表面（滚道）和加工表面（中心孔）的淬火、回火

中频感应加热表面淬火可以对滚珠丝杠的滚道工作表面进行快速加热、冷却，在工作表面形成一定厚度的高硬度、高耐磨性的淬硬层，而在丝杠心部仍保持原有组织、性能，使其在表面具有高硬度的同时，心部仍有一定韧性，因此能很好地满足丝杠的性能要求。

1) 首先对丝杠滚道进行中频感应加热表面淬火：采用100kW、2500Hz的中频发电机组，双床身卧式淬火机．可淬长度2.5m。前床身装有三爪卡盘和三个支架（图10-5），用以夹持工件并使其旋转。主轴转速在4～80r/min范围可调。后床身采用异步电机驱动，带动降压变压器与感应器作左右移动，移动速度可无级变速。

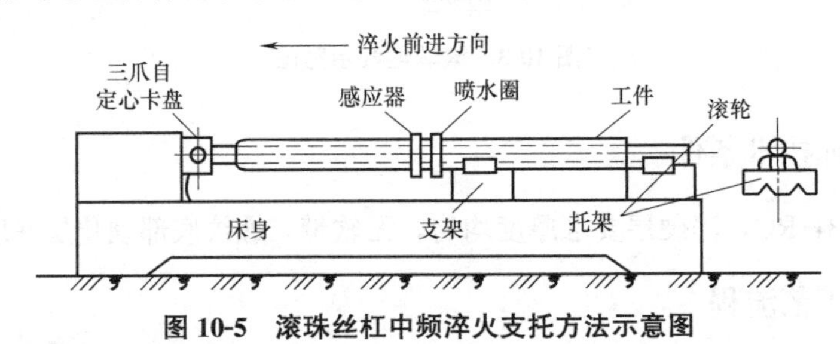

图10-5 滚珠丝杠中频淬火支托方法示意图

一般是先车出螺纹滚道，然后进行中频感应加热表面淬火。感应器的加热圈和冷却圈，均为环形，两圈相距10mm，感应圈内径与滚道外圆间隙为5mm，喷水孔方向垂直丝杠轴线。

2) 中频淬火冷却使用浓度为10%的Na_2CO_3、压力为0.147MPa的水溶液喷射冷却。

调整各有关参数，使淬火后丝杠温度保温在260～280℃之间，既能满足硬度要求，又能减少淬火开裂。

喷射冷却淬火的优点是能增加沿工件表面的水流动速度，促使蒸汽膜提早破裂，从而提高水的冷却能力，特别是能显著提高在一般钢的奥氏体不稳定区的冷却速度，可提高浸湿速率。而合理地用水溶液进行压力喷射淬火，更有利于使蒸汽膜提早破裂．显著提高了在较高温度区间内的换热系数和冷却速度，喷水的压力越高，流量越大，冷却效果就越显著。

使用浓度为5%～10%的Na_2CO_3水溶液，可显著改善水溶液的冷却特性，在Na_2CO_3水溶液中淬火的工件表面光洁。但其缺点是该水溶液容易造成环境污染，不宜推广或必须增加相应的水处理设施以保证废液的无污染排放。

3) 其次是对丝杠中心孔进行火焰加热表面淬火，采用氧-乙炔火焰，加热温度为800～850℃、水冷淬火；然后用氧-乙炔火焰及时回火。加热温度为300～400℃，时间为15s回火一次，由于回火时间短，故其回火温度比在回火炉中要高，目的是减少淬火应力、防止工件变形开裂。

采用氧-乙炔火焰加热表面淬火操作要点如下：

① 火焰淬火的冷却介质一般用水或压缩空气，或两者结合使用。当碳的质量分数为0.6%以下的碳素钢常采用15～25℃的水做冷却介质，碳的质量分数为0.6%以上的碳素

钢和含硅、锰的低合金钢常采用 30～40℃的水做冷却介质，对于有沟槽的工件可使用水和空气联合冷却，对于 GCr15、65Mn 等钢制作的工件可采用压缩空气冷却。

② 操作前应认真检查工艺参数的正确与设备的完好性，如火焰喷嘴与工件表面距离为 10～15mm 即火焰焰心与工件表面距离为 1.5～3.0mm，管路系统是否漏气等。

③ 点火时，先开少量乙炔气，点燃后再逐渐加大流量；再开氧气，将火焰调为中性焰，并检查各喷火孔的火焰强度是否均匀一致。

④ 操作过程中一旦发现火焰倒流，应立刻关闭喷嘴。操作完成后，应先关闭氧气，然后关闭乙炔，最后关闭喷水口。

⑤ 操作过程随时检查氧气和乙炔的压力，压力不足时不得操作。

⑥ 操作过程应严格遵守安全规程，应有妥善的安全技术措施。

4）最后再将丝杠在低温炉中加热至 160～180℃、保温 4～6h 回火，出炉空冷。目的是对工件整体进行低温回火处理，达到减少残余内应力。

（5）低温时效处理：为了保证丝杠的高精度，使变形量控制在最低程度，还需在 140～160℃的低温回火炉中进行低温、较长时间的时效处理，进一步消除残余内应力。其保温时间为 6～12h，然后出炉空冷。

10.2.6　热处理质量检验

（1）球化退火后，要求硬度在 179～207HBW；采用大型工具显微镜进行切片检查，要求金相组织为球状珠光体 2～4 级；还要用滚轮托架、百分表检查丝杠变形量，要求变形量≤1.5m/全长。

（2）去应力退火后仍应进行变行量检测，要求变形量≤0.5m/全长。

（3）淬火、回火后，丝杠工作表面的硬度应为 58～63HRC，中心孔表面硬度用锉刀检查应为 40～50HRC；淬硬层应均匀、无软带，其淬硬层深度应深于螺纹底部 1mm（计算到半马氏体处）；淬硬层显微组织：观察齿尖、与钢球接触的 45°部位和齿底三处，按部标评定马氏体 1～5 级为合格，组织应为马氏体（1～4 级）＋残余奥氏体＋碳化物。

（4）变形量：滚珠丝杠中频淬火后允许弯曲变形量参见表 10-1。工件变形量应≤0.4mm/全长；工件成品变形量，采用变形量检测平台和塞尺检测，变形量应≤0.1mm/全长。

滚珠丝杠中频淬火后允许弯曲变形量（单位：mm）　　表 10-1

直径	丝杠长度				
	500～1000	1000～1500	1500～2000	2000～2500	2500～3000
GQ 25	≤0.50				
GQ 30～40	≤0.50	≤0.70	≤1.00		
GQ 40～50	≤0.40	≤0.70	≤1.00	≤1.30	
GQ 60～70	≤0.40	≤0.70	≤0.90	≤1.10	≤1.20
GQ 80～100			≤0.90	≤1.00	≤1.10

10.2.7　中频感应加热表面淬火易出现的弯曲变形缺陷及控制

由工件一端用三爪卡盘卡住，中间用支架托住，防止丝杠受热软化下垂弯曲，末端也用托架托住，丝杠在中频感应加热表面淬火时可自由伸缩。托架上带有滚轮可允许丝杠自由转动。所以淬火时的弯曲变形很小。例如，直径 90mm、螺距 12mm、全长 4m 的滚珠丝杠，淬火后全长径向圆跳动仅 0.5～0.7mm。

10.3 案例 3——典型渗碳齿轮热处理

10.3.1 工件名称

某汽车变速箱变速齿轮，如图 10-6 所示，使用材料为 20CrMnTi 钢。

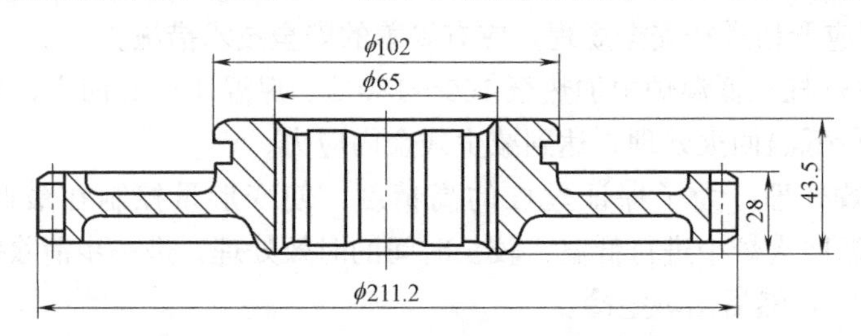

图 10-6 某汽车变速箱变速齿轮外形示意图

10.3.2 热处理技术条件

渗碳层深度为 0.8～1.3mm，渗碳层碳的质量分数为 0.8%～1.5%，热处理后齿面硬度为 58～62HRC，心部硬度为 33～48HRC。

10.3.3 加工工艺流程

坯料→锻造→正火→机械加工齿形→渗碳化学热处理→预冷直接淬火→低温回火→磨齿。

10.3.4 热处理工艺规范

（1）正火

加热温度 950～970℃、保温时间 3h，到温后出炉空冷。

（2）渗碳化学热处理

20CrMnTi 钢汽车变速器齿轮的气体渗碳工艺如图 10-7 所示。渗碳设备一般选用 RQ 型井式气体渗碳炉。渗碳剂通常选用煤油和甲醇，渗碳阶段的炉气组分见表 10-2。

（3）预冷直接淬火

渗碳后预冷至 850～860℃即可直接油冷淬火。

（4）低温回火

淬火后应立即进行（180±10）℃的低温回火。

渗碳阶段的炉气组分（单位：%，体积分数） **表 10-2**

C_nH_{2n+2}	C_nH_{2n}	CO	H_2	CO_2	O_2	N_2
5～15	≤0.5	15～25	40～60	≤0.5	≤0.5	余量

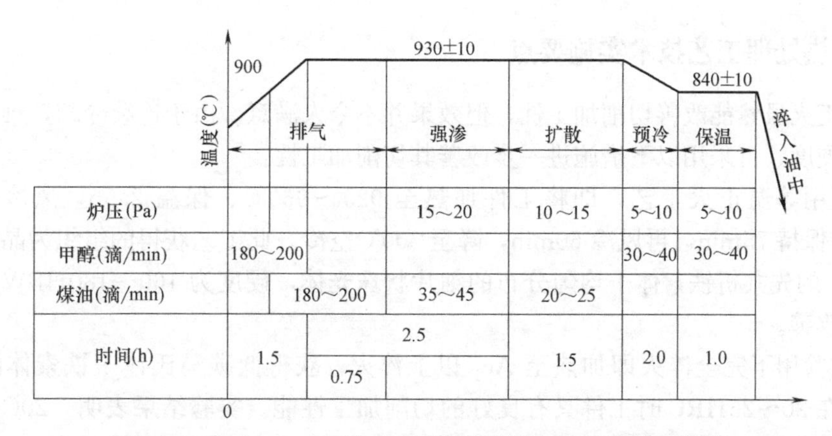

图 10-7　20CrMnTi 钢汽车变速器齿轮的气体渗碳工艺曲线

10.3.5　热处理工艺解析

（1）正火

其目的是为消除锻造应力及不良组织，改善切削加工性。因该钢是低碳合金钢，碳含量低，塑性大，切削时“粘刀”现象严重。为改善切削加工性能，采用高温正火。

经正火后，工件的硬度为 156～207HBW。

（2）渗碳化学热处理

采用滴注式气体渗碳炉，它赋予工件表层高的碳含量（0.8%～1.5%）。渗碳剂的选用，应考虑到渗碳能力要强、裂解后产气氛要高、材料来源要广、成本要低等因素，因此选用煤油和甲醇。

由于 20CrMnTi 钢的临界点 Ac_3 约为 825℃，渗碳时必须全部转变为奥氏体。而 γ-Fe 的溶碳能力远在 α-Fe 之上，因此 20CrMnTi 钢的渗碳温度应高于 825℃，但综合考虑渗碳速度、装炉量及渗碳过程中齿轮的变形问题等，实际选用 930℃左右为最佳渗碳温度。根据载荷的大小选择渗碳层深度，该钢件的渗碳层深度技术要求为 0.8～1.3mm，参照试棒送检，一般强渗时间约 4h。扩散时间约 2h。

（3）预冷直接淬火

为了获得表硬内韧的性能要求，渗碳钢件必须经过热处理。由于 20CrMnTi 钢是本质细晶粒钢，特别是钢中含有强碳化物形成元素 Ti，它强烈阻止奥氏体晶粒长大，经长时间渗碳后奥氏体晶粒并不明显长大，故可采用预冷直接淬火法。预冷的目的是为减少淬火时的残余奥氏体量及淬火时的畸变；工件经渗碳后预冷至（840±10)℃即可直接油冷淬火。淬火后工件表层获得细针状马氏体＋少量均匀分布的碳化物＋少量残余奥氏体组织，工件心部为细小板条马氏体＋少量铁素体组织。

（4）低温回火

工件淬火后必须立即进行低温回火。其目的就是为了降低脆性，减少淬火应力，稳定组织，使工件保持高硬度、高强度和高的耐磨性，以及足够的塑韧性。经低温回火后齿轮齿面硬度为 58～60HRC，心部硬度为 33～48HRC。该齿轮具有足够的强度和韧性，达到了技术要求。

10.3.6 热处理工艺技术实施要点

(1) 正火虽然能改善切削加工性，但效果并不令人满意。由于连续冷却，难以获得均匀组织和硬度，可采用以下措施进一步改善其切削加工性：

1) 采用等温正火工艺，即将工件加热至 920～960℃、保温 2.5h，风冷至 620～650℃等温保持 75min，再风冷 60min，降至 300℃空冷。此工艺获得的组织为晶粒较粗大（2～6 级）的先共析铁素体＋均匀分布的细片状珠光体，硬度为 160～180HBW，切削加工性大大改善。

2) 试验用不完全淬火即加热至 Ac_1 以上淬火，获得低碳马氏体＋铁索体的混合组织，硬度在 20～25HRC 时工件具有良好的切削加工性能。实验结果表明，20CrMnTi 钢经不完全淬火后，插齿表面粗糙度 R_a 可达 0.4～3.2μm，切削刀具寿命提高 3～4 倍。

(2) 采用滴注式气体渗碳炉，也可采用多用炉或连续式气体渗碳炉，其共同特点是具有可靠的碳势控制技术。

(3) 应注意预冷淬火，预冷的温度不能低于 830℃，否则工件心部有铁素体析出，降低钢的心部强度等力学性能。

10.4 案例 4——汽车活塞杆热处理

10.4.1 工作条件和技术要求

活塞杆与活塞一起在腐蚀的环境下工作，负责动力的传递，在工作过程中受到往复拉、压交变应力的周期作用，活塞环与填料之间发生滑动摩擦，因此要求活塞杆具有足够的强度和高的表面硬度，以及具有抗腐蚀、抗疲劳、抗擦伤和抗咬合能力。

从活塞杆在工作过程中的受力状况而言，选用的材料应为调质钢，热处理后表面硬度高，而内部有良好的综合力学性能，为提高活塞杆的使用寿命，对其表面进行强化处理，来满足其表面耐磨、耐蚀、摩擦系数小的具体技术要求。

10.4.2 活塞杆的加工工艺流程

38CrMoAlA 是活塞杆的首选材料，其加工流程为下料→锻造→正火→粗车→调质处理→校直→去应力退火→精车（余量 0.06～0.10mm）→去除加工应力退火→精磨（余量 0.03～0.05mm）→探伤→超精加工→离子渗氮→抛光→成品。

10.4.3 活塞杆的热处理工艺

(1) 材料的预备热处理

38CrMoAlA 钢的预备热处理为正火和调质，正火的目的是形成细片状的珠光体组织，以提高基体的表面硬度，有利于后续的机械加工。其工艺为 770℃×60min＋940℃×30min，保温结束后取出空冷。

调质工艺为（880～900)℃×30min＋(930～950)℃×(25～30)min，预冷至 880℃左右淬油，在（610～630)℃×(120～180)min 高温回火后空冷，基体硬度为 28～35HRC。

加热应在可控气氛炉内或盐浴炉内进行，以减少零件表面的氧化或脱碳。活塞杆要吊挂加热，彼此之间有合适的间隙，冷却时依次挑出分别冷却，油温应控制在 20～60℃，应确保完全淬透，以保证整体硬度的均匀一致。

去应力退火温度为 580～600℃，保温 8～10h，目的是消除校直和机加工产生的应力，避免后面工序出现变形等缺陷影响加工质量。

活塞杆经真空热处理可以发挥材料的潜力，避免零件表面的氧化和脱碳，具有表面光亮和变形小等特点，表面的状态没有受到影响，因此明显提高了疲劳强度。在真空热处理过程中，采用低的真空度，目的是防止合金元素在高温下的蒸发和降低使用寿命。通常真空度的范围为 $13.3 \sim 6.67 \times 10^{-1}$ Pa，淬火介质为 ZZ-1 或 ZZ-2 真空油，油压在 $1 \times 10^{5} \sim 1 \times 10^{4}$ Pa 时可获得高的硬度。

（2）材料的最终热处理——离子氮化

采用离子渗氮的目的是为了提高活塞杆的表面硬度、获得良好的耐磨性以及具有抗腐蚀性，可明显提高其使用寿命，目前，活塞杆普遍采用该类表面处理工艺。

活塞杆的离子氮化工艺，在实际生产过程中通常选用三段离子渗氮工艺，即 (510～530)℃×4h+(560～580)℃×8h+(510～530)℃×4h，渗氮结束后随炉降温至 100℃以下出炉空冷。渗层深度为 0.37～0.39mm，硬度为 1096～1150HV5，脆性小于 2 级，渗氮层无网状、脉状氮化物，组织正常。

参考文献

[1] 赵乃勤. 热处理原理与工艺 [M]. 北京：机械工业出版社，2012.
[2] 王顺兴. 金属热处理原理与工艺 [M]. 哈尔滨：哈尔滨工业大学出版社，2009.
[3] 叶宏. 金属热处理原理与工艺 [M]. 北京：化学工业出版社，2011.
[4] 崔振铎. 金属材料及热处理 [M]. 长沙：中南大学出版社，2010.
[5] 丰平. 材料科学与工程基础实验教程 [M]. 北京：国防工业出版社，2014.
[6] 张贵锋. 固态相变原理及应用 [M]. 2 版. 北京：冶金工业出版社，2016.
[7] 刘宗昌. 固态相变 [M]. 北京：机械工业出版社，2010.
[8] 徐洲. 金属固态相变原理 21 世纪高等院校教材 [M]. 北京：科学出版社，2004.
[9] 周小平. 金属材料及热处理实验教程 [M]. 武汉：华中科技大学出版社，2006.
[10] 高聿为. 金属学与热处理实验教程 [M]. 北京：北京大学出版社，2013.
[11] 赵峰. 工程材料 [M]. 北京：中国人民大学出版社，2011.
[12] 潘清林. 金属材料科学与工程实验教程 [M]. 长沙：中南大学出版社，2006.
[13] 樊新民. 热处理工艺与实践 [M]. 北京：机械工业出版社，2012.
[14] 杨满. 热处理工艺参数手册 [M]. 北京：机械工业出版社，2013.
[15] 王有祈，史洪刚. 热处理工艺与典型案例 [M]. 北京：化学工业出版社，2013.
[16] 李炯辉. 金属材料金相图谱 [M]. 北京：机械工业出版社，2006.
[17] 石淑琴. 热处理原理与工艺 [M]. 北京：机械工业出版社，2010.